U0686068

U型思考

本质思考力决定科技与商业未来

沈拓◎著

人民邮电出版社
北京

图书在版编目（CIP）数据

U型思考 : 本质思考力决定科技与商业未来 / 沈拓著. -- 北京 : 人民邮电出版社, 2022.5
ISBN 978-7-115-58669-8

Ⅰ. ①U… Ⅱ. ①沈… Ⅲ. ①思维方法 Ⅳ. ①B804

中国版本图书馆CIP数据核字(2022)第025330号

内 容 提 要

本书首先分析为什么要学习 U 型思考；进而描述了 U 型思考是什么；接下来重点阐述了如何运用 U 型思考，为读者提供了具体可操作的步骤与方法，帮助读者切实掌握 U 型思考方法；最后分享了多个 U 型思考用于企业发展、个人成长的实战案例，鼓励读者用好 U 型思考，创作出自己的杰作。

本书适合企业家、创业者与职业经理人阅读，适合从事战略、市场、销售、产品、研发、运营、人力等工作的人员阅读，也适合渴望获得职业生涯突破的人士阅读。

◆ 著　　　　沈　拓
责任编辑　李　强
责任印制　马振武
◆ 人民邮电出版社出版发行　　北京市丰台区成寿寺路 11 号
邮编　100164　　电子邮件　315@ptpress.com.cn
网址　https://www.ptpress.com.cn
北京九州迅驰传媒文化有限公司印刷
◆ 开本：720×960　1/16
印张：16.5　　2022 年 5 月第 1 版
字数：231 千字　　2025 年 11 月北京第 14 次印刷

定价：69.90 元

读者服务热线：(010) 53913866　印装质量热线：(010) 81055316
反盗版热线：(010) 81055315

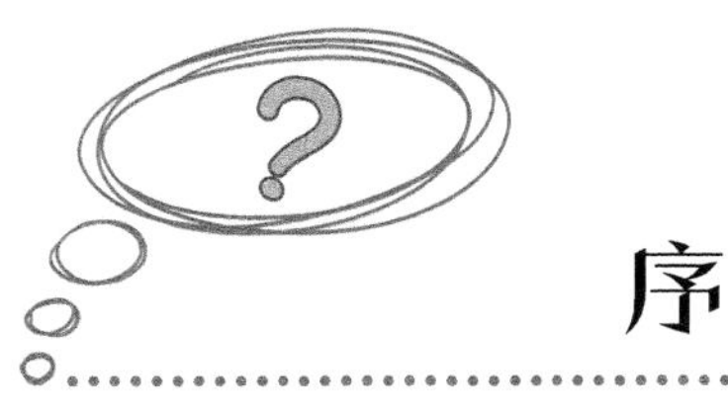

序

本质思考力决定未来

人遇到问题的时候，一般有两种思考方式。

一种是直线式思考。针对所遇到的问题，在现象层面直接寻求解决方案，如图 0–1 所示。

遇到问题 解决问题

图 0–1 直线式思考

另一种是 U 型思考。当遇到问题的时候，不是在现象层面求解，而是挖掘问题背后的本质，在本质层面找到根本性解法，最终再回到现实解决问题，如图 0–2 所示。简单说，U 型思考是挖掘问题本质，基于本质做决定的思考方式。

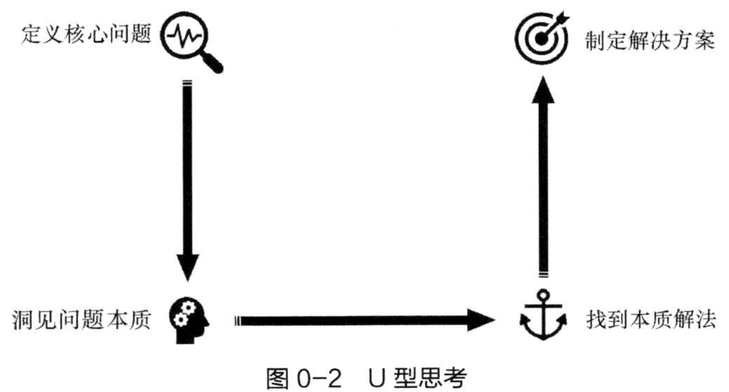

图 0–2 U 型思考

当你遇到简单的、常规的和不重要的问题，使用直线式思考即可。

但是，在生活或工作中的重要时刻，面临复杂的难题，需要做出重大决定的时候，建议你使用U型思考。

在关键时刻，能否看透问题本质，能否做出正确决策，对于一个人的命运或一个组织的前途，会产生重大影响。

例如，在选择高考志愿、选择就业岗位、选择定居城市或选择投资方向等这些生活中的大事件时，人们就需要看透本质，再做选择。

又如，当人们攻克项目难关、设计业务方向、谋划人事调整或制定企业战略的时候，面临这些工作中的重要抉择，也要看透本质，再做决定。

但是，现实世界中的真相是什么呢？

大多数人很少进行真正的本质思考，即便在一些重大问题上。

比如填报高考志愿，其重要性自不必说。但是，很多家庭帮助孩子报志愿的时候，往往根据家长的认知水平、家长心目中的“好工作”、家长的资源优势，来决定孩子的高考志愿选择。

比如选择定居城市，这也是一个人一辈子的大事，很多人都曾纠结于一个问题：要不要去北上广（即北京、上海和广州）？很多人在面对如此重大问题的时候，也是随大流、看心情、凭感觉。

比如很多人辛辛苦苦攒了点钱去做投资，但在投资时非常盲目，股票火了购买股票，楼市上涨投资房产，冲动的投资往往带来悔恨的苦果。

比如我们在工作中会遇到的典型场景：领导安排你做一份市场分析报告。很多人在执行这个任务的时候，以往怎么做现在还怎么做，找一些成熟的材料，用一些熟练的套路，尽快完成报告交差。

比如企业家在制定企业战略的时候——对于一个企业来说，没有比这更重要的事情了，这也是最需要本质思考的时候，即便在这种关乎企业进退存亡的大事上，仍然有很多企业家凭感觉谋划，拍脑门决策。

在这些重大的决策上，人们为什么表现得如此轻率呢？这是由于人们在思考

问题的方式上，往往有一些普遍性的共同特征。

短视。比如前面提到的填报高考志愿的例子，很多父母在给孩子报志愿的时候，看的是哪个行业工资高、哪个行业福利好、哪个行业就业稳定，但很少有家长真正思考过，孩子的特质与这些行业是否真正匹配。也很少有家长能看清楚孩子的愿望、潜质和天赋，帮助孩子深刻地规划未来。

从众。这就是追随主流做法，是一种看似有安全感的决策方式。比如前面提到的个人定居城市选择、个人投资方向选择、企业家制定战略等例子，人们在潜意识深处认为，只要追随主流，就不会出错。

惯性。以往怎么做现在还怎么做。比如前面写报告的案例，借鉴过往是最省事、最不费脑子的做法。但事实上，惯性不会给人带来知识的增量，难以做出真正的创新，反而有可能出现经验失效。

短视、从众、惯性地思考，人们为什么会特别倾向于这样的思考方式？或者说，人们为什么本能地躲避本质思考呢？原因在于，大脑是人体中非常消耗能量的器官，占人体体重约 2%，消耗人体能量却达到 20%。大脑如此耗能，反映到人类的行为上，会使人有一种本能的倾向，尽可能选择消耗能量低的思考方式。通俗来讲，思维懒惰，其实是人类的本能。

人们为了逃避本质思考，往往采用直线式思考。因为直线式思考不仅节省能量，而且会给人们带来假象：

- 给自己“我已经开始思考了”的心理假象；
- 给自己“我已经付出很多了”的自我感动；
- 给自己“我就是快速行动派”的自我安慰。

无论是心理假象，还是自我感动，或是自我安慰，都不能根本性地改变思考深度和决策质量。无论多少个 0 相加，也无法得到一个 1。长期运用直线式思考，会使人越来越不擅长本质思考，从而使其在遇到重要问题的时候，已经失去了本质思考的能力。

一个人在认知上的突破，一定发生在思维方式的质变之中。U 型思考就是思维方式的质变，如图 0-3 所示。

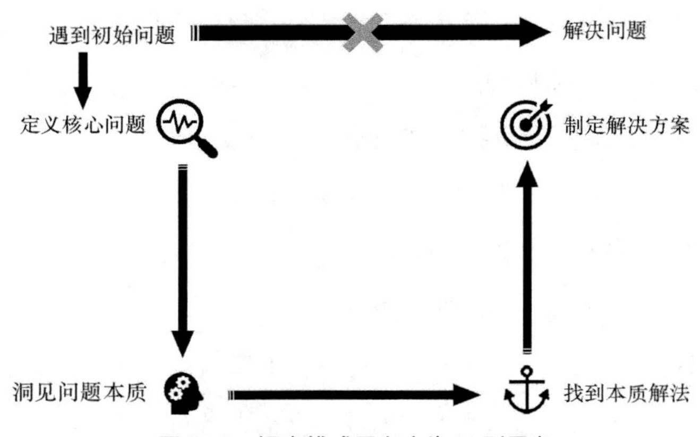

图 0-3　把直线式思考变为 U 型思考

当遇到一个初始问题时，我们先不要急着运用直线式思考求解，而是对初始问题重新定义，将其变为一个探寻本质的核心问题，开启 U 型思考，然后层层下探，挖掘问题本质，进而推导出本质解，再基于本质解去制定解决方案。把直线式思考变为 U 型思考，是一个人、一个组织的重大突破。

以填报高考志愿为例，如果是采用直线式思考的话，通常是凭借家长的经验和感觉来做决定。

如图 0-4 所示，但如果运用 U 型思考的话，则首先应该思考，高考志愿的本质是什么？高考志愿的本质是，每个人未来人生规划的路线图的起点。你选择了哪个大学，报考了哪个专业，选择了哪个城市，都通向你心目中未来那个理想的自己。有了这样的认知，考生自己应该思考，我 10 年之后乃至 20 年之后，希望成为一个什么样的人？每个考生都应该意识到，18 岁的自己，应该逐步承担起责任，至少应该开始严肃地思考自己的人生了。你希望未来的自己，职业定位是怎样的？生活状态是怎样的？渴望在哪些领域取得成就？家长

在这个过程中，应该和孩子进行深度的思考和分析，帮助孩子发掘自身的天赋和潜力，结合对各个行业未来趋势的判断，帮助孩子找到未来的定位和目标。当然，在这个过程中也可以寻求别人的建议，比如老师、学长、其他有经验的人等。但是每个考生应该意识到自己才是自己命运的主人，在这个问题上要有自己的认识，明确自己的定位和理想。在明确自己未来规划的基础上，选择自己中意的大学和专业。高考志愿不仅仅是高考志愿，更是一个成年人绘制人生蓝图的开始。

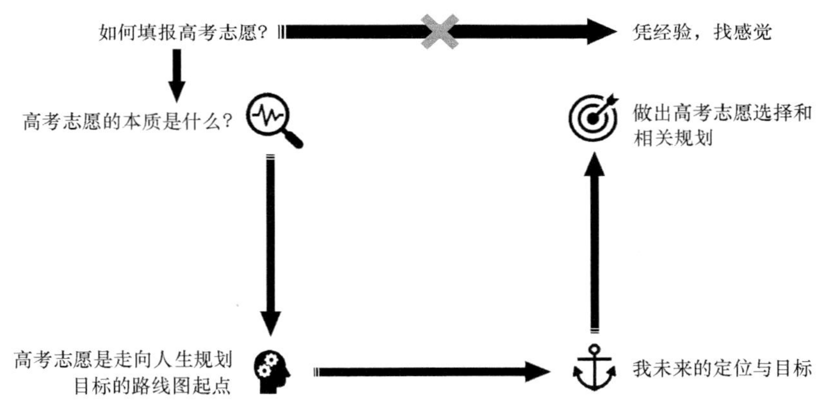

图 0-4　运用 U 型思考，选择高考志愿

选择定居城市，对于每个人来说都是人生中的重大决策。是否要去北上广，如果按照直线式思考，很可能会陷入随大流、看心情、凭感觉的误区。

让我们运用 U 型思考，深度剖析一下，如图 0-5 所示。北上广对于一个人的价值本质，到底是什么？对于一个人的发展来说，北上广的本质是被放大的红利和挑战。一方面，北上广的红利明显，有更好的基础设施、更多的大学、更多的优秀企业、更多的高薪岗位、更多的高素质人才等；另一方面，北上广也有很多挑战，比如房价和工作压力，以及可能需要远离父母等。相对于其他城市，北上广把机会和挑战同时放大了。

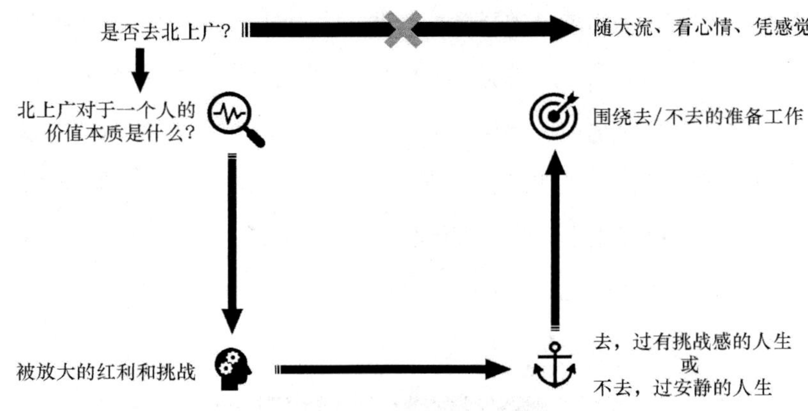

图 0-5　运用 U 型思考，选择定居城市

基于这样的本质认识，你要开始结合自己的特点做出判断了，你到底想过一种什么样的人生呢？如果你想过一种炙热的、充满挑战感的人生，那你就应该去北上广；如果你想过一种恬淡宁静的生活，那北上广未必是你最佳的选项，快速发展的中国有更多城市可以作为你定居的选项。你无论做出怎样的选择都是对的，但是你要想清楚自己最想要的是什么。在此基础上，最终决定去还是不去。有了这样的思考，无论身边的人做何选择，无论舆论潮流是什么，都不会影响你的决定，因为你已经有了自己笃定的决策。在你有了去或不去的决定之后，围绕这个决定，你要开始做一些必要的准备工作。例如，如果你决定去北上广，那么应该提前找好工作，安排好住所，做好学习和工作的计划等。

在工作中，经常会遇到一个场景，就是领导让你做一份市场分析报告。如果按照直线式思考，那么你就会按照以往惯常的套路写。如果运用 U 型思考，在做之前分析一下这项工作的本质，那么最后的成果质量会好很多，如图 0-6 所示。

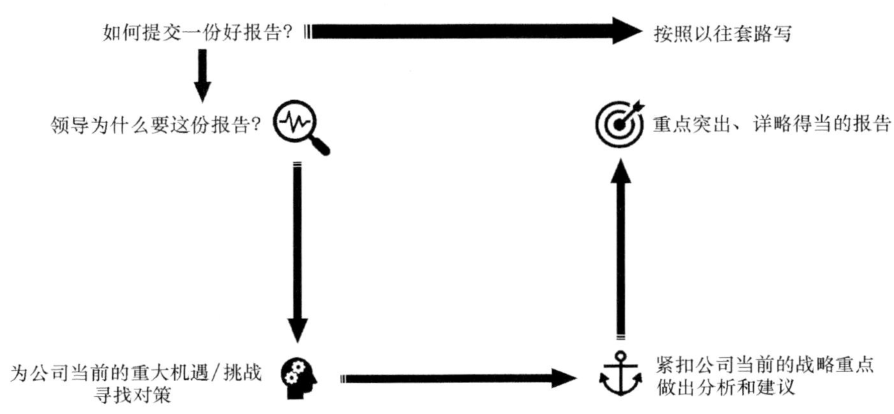

图 0-6　运用 U 型思考，撰写工作报告

运用 U 型思考，在写报告之前，你应该先思考一下，领导为什么要这份报告？这个问题的价值在于，当你思考这个问题的时候，你已经和你的领导站在同一个思维高度上去思考问题了。接下来要努力挖掘这个问题的本质，比如，公司业务势头不错，领导是不是在准备融资？如果是这样的话，那么这个报告的重点是不是要突出公司估值的亮点？又比如，公司最近生意不好，市场竞争特别激烈，所以这个报告的重点，是不是要看一下竞争格局，分析一下竞争对策？再比如，公司的传统业务现在开始下滑，领导在这个时候让我做分析报告，是不是想重点看一下新机会，分析新业务的可能性？无论哪种情况，通过这样的本质思考，你对于这份报告都有了更深刻的认识，本质都是帮助领导针对公司面临的机遇或挑战形成对策。在此基础上，你再进一步收集资料，展开分析，完成一份重点突出、详略得当的报告。

如果对待每一项工作，在开始行动之前，你都运用 U 型思考来分析一下：为什么现在要做这项工作？这项工作的本质是什么？那么相当于你每次都在下探自己的思考，提高自己的站位，扩展自己的视野，这将使你的专业功力不断精进，这才是高质量的认知突破。

本书将围绕U型思考，进行系统化的分析介绍。希望通过阅读本书，你可以把自己头脑中的“思维操作系统”变为U型思考式的操作系统，在做决策之前思考本质，基于本质做决定，这可以让你的思维更深刻、行动更笃定。我相信，这本书对你的成长会产生极大的帮助。

自U型思考创立以来，已经有几十万学员学习过U型思考方法，多家商学院开设了U型思考课程，大量企业在战略制定、模式创新、组织变革中运用了U型思考实战方法。实践证明，无论对于人的成长，还是组织的发展，U型思考都具有巨大的价值。

作为一种基础思考方法，U型思考的适用范围极广，U型思考在不断扩展新领域、新用途和新场景。同时，越来越多的鲜活实践也不断滋养着U型思考。U型思考像一棵被灌溉的树，也在向上生长。

我之所以能够开发出U型思考理论，是因为U型思考是我本人长期运用的思考方法，与生俱来，长在一起，不断演进。作为U型思考理论的创始人，我想，如果把自己最核心的能力，也就是U型思考的全部秘密，毫无保留地分享给读者，让更多人掌握本质思考的力量，这将是一件极其有价值的事情，也应该就是我的使命。

本书包含三个主要部分。

第一部分，U型思考为什么？这部分阐述了U型思考的基础原理。这一部分有一系列重要的知识点，包括未知三环、未知之墙、元思维等，会让你更深刻地理解U型思考的本质。

第二部分，U型思考是什么？这部分对U型思考进行了整体介绍，包括U型思考的概念、结构和价值，有助于你快速了解U型思考的全貌。

第三部分，U型思考怎么用？这部分按照U型思考的四个步骤，分为【问】【挖】【破】【立】，每个步骤都有对应的专业方法。这一部分将极为详尽地帮助你学会U型思考，既有操作方法，也有实战案例。

什么样的读者最适合学习 U 型思考?

- 笃信本质思考;
- 笃信改变的力量;
- 笃信“我的命运我做主”;
- 笃信思维方式能够改变现状，甚至能够决定未来;
- 笃信“别的可以一般，但是我不允许自己的思维很平庸”。

如果你是这样的人，欢迎学习 U 型思考!

让我们一起开启 U 型思考的大门!

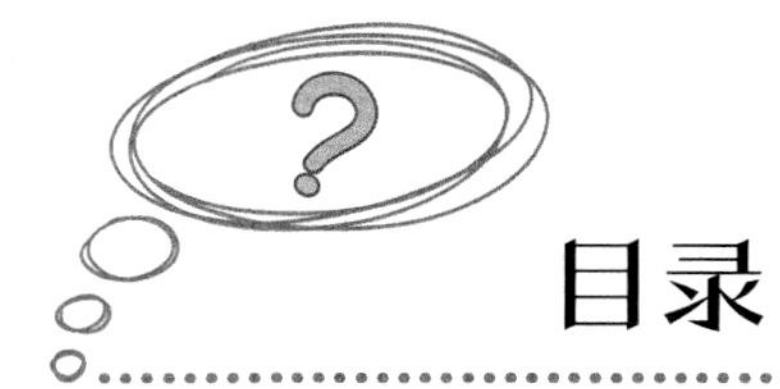

目录

第 1 章

U 型思考为什么？

第 1 节　未知的未知

第 2 节　未知之墙

第 3 节　元思维

第 4 节　跨越未知之墙

> 优秀的人能射中别人射不中的靶子，天才能射中别人看不见的靶子。
>
> ——德国哲学家 亚瑟 · 叔本华（Arthur Schopenhauer）

第1节　未知的未知

每个人头脑中的知识，究竟是如何构成的?

这是个非常复杂的难题。但如果以已知—未知的维度来划分，或许可以找到一种简化的方式，来描述人类共通的知识结构，如图 1-1 所示。

图 1-1　未知三环模型

我们运用未知三环模型，来理解人类的知识结构。

每个人的知识可以分为三类。

第一类，已知的已知。这一类是指每个人已知的知识，而且每个人都清楚地知道自己知道。例如，在个人所擅长的专业领域，每个人会有自己熟知的知识，而且很清楚自己在这个领域是擅长的，是自己的优势。一个短跑运动员反复练习已掌握的动作，一个厨师烹饪一道已烂熟于心的菜肴，一个有着多年驾龄的司机驾驶汽车在熟悉的道路上……这一类“知道自己知道”的知识，我们称为已知的已知。

第二类，已知的未知。这一类是指每个人都有未知的知识，而且每个人都清醒地意识到自己不懂这部分知识。例如，超出了自己专业积累之外的知识，对自

己来讲就是未知的，完全不懂究竟是怎么回事。我们每个普通人都对于火箭上天很感兴趣，但火箭的工作原理到底是什么，对于绝大多数人来说其实并不清楚；一名工程师对于产品开发很在行，但对于隔壁营销部门是如何制作营销方案的，很感兴趣但完全不懂……这一类“知道自己不知道”的知识，我们称为已知的未知。

第三类，未知的未知。这一类是指每个人都有未知的知识，但是完全没有意识到自己在这个领域的无知。每个人的学习成长，必然存有自己未知的未知。以数学学习为例，小学时学算术，无法意识到对于未知数和方程的一无所知；初中时学代数，无法意识到对于微积分、线性代数、概率论的一无所知。哥伦布在 1492 年发现了美洲大陆，对于 1492 年之前的欧亚大陆上的人们来说，他们对于美洲大陆一无所知，而且完全没有意识到自己的无知……这一类“不知道自己不知道”的知识，我们称为未知的未知。

这三类知识有何特点？我们用一张表格来梳理一下，如表 1-1 所示。

表 1-1　未知三环中的三类知识对比

	有问题吗？	有答案吗？
已知的已知	有	有
已知的未知	有	无
未知的未知	无	无

（1）已知的已知。

对于已知的已知，你能提出问题吗？相信你能提出问题。你有答案吗？相信你有答案。因为这个范畴的知识，完全在你的掌握范围之内，无论是提问还是作答，你都了然于胸。举例来说，学过物理的人，有能力提出这样的问题：“船为什么可以漂浮在水面，而没有沉下去？”同样，学过物理的人，有能力回答这个问题：“因为水对船有浮力，且水对船的浮力等于船自身受到的重力。”这就是已知的已知。

（2）已知的未知。

对于已知的未知，你能提出问题吗？你能够提出问题，因为你已经意识到自己在这个领域的无知，所以总是能提出自己的疑问。例如，一个知道棒球这项运动但完全不了解棒球规则的人能够提出这样问题："棒球是如何衡量胜负的？"提问者可以提出问题，但由于不懂棒球规则，因此他无法回答自己提出的问题。这就是已知的未知。

（3）未知的未知。

对于未知的未知，我们不仅无法给出答案，甚至连问题都无法提出，因为我们没有意识到自己在这个领域的无知，甚至没有意识到这个领域的存在。对于这个领域，我们"不知道自己不知道"，不得其门而入，无法通过一个问题去叩击它，这就是未知的未知。

面对这三类知识，你有什么样的感觉呢？我们通过类比来说明这三类知识，如表 1-2 所示。

表 1-2　未知三环中的三类知识类比

	类比
已知的已知	存储到个人计算机上的数据库
已知的未知	面对搜索引擎，用合适的关键词进入
未知的未知	面对搜索引擎，无法找到合适的关键词

（1）已知的已知。

这像是存储在你个人计算机上的数据库，对于已经存储进数据库的记忆、经验和知识，随时可查可用。由已知带来的高度确定性，会让你有一种很踏实、很自信的感觉。

（2）已知的未知。

这像是面对谷歌、百度这样的搜索引擎，对于不懂的知识，你至少可以提出一个关键词，作为进入未知的线索。当你在搜索引擎中输入一个关键词之后，搜索引擎就会列出相应的搜索结果给你。这个过程其实在提示我们，进入已知的未知，方法是确定的，只要能提出问题，就能进入未知。这会让你有一种有路径可循的信心。

（3）未知的未知。

这像是面对一个搜索引擎，你隐隐地感觉到或者完全无法感觉到，在搜索引擎的后面，藏有一个无比巨大的未知世界。但是，这个时候的你，甚至不知道该在搜索框中输入什么样的关键词，不得其门而入，无法打开未知的大门。一个人面对未知的未知，要么是由于完全无知而完全无感，要么是不得其门而入，从而产生敬畏、迷茫和无力感。

未知三环之间的边界，并不是一成不变的，而是逐渐变化的。人在成长过程中，通过老师教导、课堂学习或阅读思考等方式，不断获得新知识。人每次获得新知识，已知的范畴就会扩大一次，就会有一部分未知转变为已知。就这样，随着在成长过程中不断获取新知识，人的已知在不断扩展，越来越多的未知不断转化为已知，未知三环之间的边界也在不断变化。

人类最宝贵的地方在于拥有好奇心和想象力。随着一个人的已知范畴不断扩大，他的未知范畴也会扩大很多。或者也可以这样说，一个人已知的增加，必然以更多未知的增加为前提。正如爱尔兰剧作家乔治·伯纳德·萧（George Bernard Shaw）所说："科学始终是不公道的。如果它不提出十个问题，也就永远不能解决一个问题。"（Science is always wrong. If it does not put forward ten problems, also will never solve a problem.）已知的增加和未知的增加，两者互为因果，相互推动。一个人已知的扩展，终有一天会使他认清一个事实：自己所面对的未知世界是无穷大的。他也终会领悟到"吾生也有涯，而知也无涯"。

借助未知三环模型，我们不仅能看到人的知识体系结构，还能看到一个人的成长变化，更能看到人与人之间的差别，如图 1–2 至图 1–4 所示。

图 1–2　"保守者"

保守者：一个人活在自己“已知的已知”范围内，受限于过往的已知，束缚于既有的经验，不敢越雷池一步，不愿去探索未知。曾经有这样一个电视广告，一个年轻人的工作就是对着一张张表单盖章，每天都在不断重复这个动作。这样重复了很多年，年轻人已经变成了须发皆白的老人，还在那里继续盖章。保守者的主要特征是，重复解决已被解决的问题。

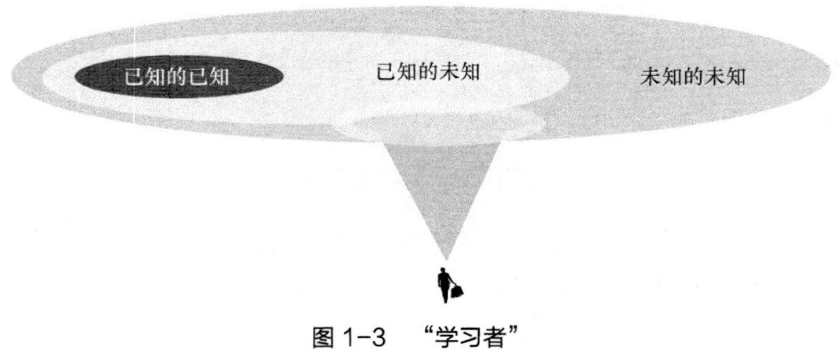

图 1-3 “学习者”

学习者：一个人不满足于已知，渴望去挑战难题，积极学习，获取新知。例如，一个人希望学习一门新的乐器，希望攻克的难题是“如何弹奏出一首美妙的乐曲”，那么他就要阅读书籍，学习课程，请教老师，大量练习，才能真正弹奏出一首美妙的乐曲。学习者的主要特征是，去解决一个自己已知但尚未解决的问题。

图 1-4 “引领者”

引领者：他们不满足于已知的知识，甚至不满足于已知的问题，他们渴望提出重要的“大问题”，渴望打破已知的边界，真正到达前所未知的未知之境。引

领者的主要特征是，提出了一个人们问所未问的新问题，发现了一个人们闻所未闻的新领域。

读到这里，我希望每个人都停下来思考一下，在你的专业领域内，你是一名保守者，一名学习者，还是一名引领者？

一个人，如果想取得领先时代的成就，就必须成为真正的引领者，在“未知的未知”领域开疆辟土。

如果在历史人物中推举引领者，那么毫无疑问哥伦布是其中的杰出代表。1492 年之前，亚欧大陆的人类对于美洲一无所知，甚至不知道美洲的存在。哥伦布其实也不知道美洲的存在，但是当时的哥伦布已经完全接受了地圆说，他坚信如果一直向西沿海航行，就可以到达梦寐以求的东方。1492 年 8 月 3 日，在西班牙女王伊莎贝拉一世的资助下，哥伦布开启了探索之旅。1492 年 10 月 12 日凌晨，哥伦布到达了中美洲巴哈马群岛的圣萨尔瓦多，成为亚欧大陆发现“新大陆”的第一人，进入那个时代“未知的未知”。

如果在科技与商业领域推举引领者，相信乔布斯一定会有一席之地。在 2007 年之前，如果调研手机消费者，“什么是你心目中的好手机”？相信绝大部分人的回答会是“手机质量再好一些”，或是“按键和界面再美观一些”，或者“预装应用再好玩一些”，以上也是功能机时代消费者的普遍认识。但事实上，在 2007 年乔布斯把苹果手机呈现给世人之后，人们才意识到，这款手机已经把人们带入“未知的未知”。苹果手机上只保留了一个按键，其余所有键盘全部消失，与此同时，苹果手机定义了一系列全新的操控体验，这些体验相当多成为智能手机行业的事实标准。此外，苹果手机作为一款奉行简洁理念的智能手机，不给用户预装太多应用，用户要自己到 Apple Store 下载喜欢的应用。某种意义上，苹果手机只是一个“半成品”，但它赋予了每个用户充分的自主权，用户可以按照自己的偏好去塑造自己的手机。乔布斯用一款产品重新定义了“手机”，把人类带入智能手机和移动互联网时代。

如果在文学领域寻找一位引领者，我愿意把票投给刘慈欣。刘慈欣的代表作《三体》，把中国科幻文学带到了世界级的高度。在这部作品中，刘慈欣的很多构想已经进入时代的“未知的未知”，远远超出了一般人的想象力水平。例如，当我们说到宇宙中不同文明间的战争时，一般能够想象到的战争形态，大多是核战、激光战、生物战等形式。但是在《三体》中，文明之间竟然有一种战争方式叫作降维打击，也就是把对手所在的生存时空降低一个维度而消灭对手。刘慈欣的《三体》之所以能带给读者强烈的震撼，是因为它把读者的想象力带入前所未有的“未知的未知”。

每一部堪称伟大的作品，都需要在“未知的未知”领域开疆辟土。正如哲学家叔本华所说：“优秀的人能射中别人射不中的靶子；天才能射中别人看不见的靶子。”（Talent hits a target that no one else can hit; Genius hits a target no one else can see.）

只有进入“未知的未知”之中，你才能取得远超常人的成就。

你能否进入“未知的未知”？

第 2 节　未知之墙

假如在你前行的路上，出现了一堵墙。这堵墙完全挡住了你的去路，让你没法绕开它，也没法攀越它，更无法击毁它，你完全被这堵墙封在了当下的世界里。如果是这样，你会是怎样的感觉？

在动漫《圣斗士星矢》中，就出现过这样一堵让人绝望的墙，叫作“叹息之墙”。无论星矢和他的伙伴怎样努力，就是无法击穿叹息之墙。最后，来帮忙的黄金圣斗士以生命为代价，释放全部能量，化为太阳光芒，才击穿了这堵墙。

这个故事之所以令人印象深刻，是因为它本身是一个很好的隐喻：在我们的人生中，总有一堵很难跨越的“墙”；“墙”把你禁锢在某个地方，让你无法突破；击穿“墙”需要付出远远超出常人的努力；在“墙”被击穿之后，一个人的命运会实现巨大飞跃。

在未知三环模型里，也有这样一堵墙，这就是“未知之墙”，如图 1-5 所示。

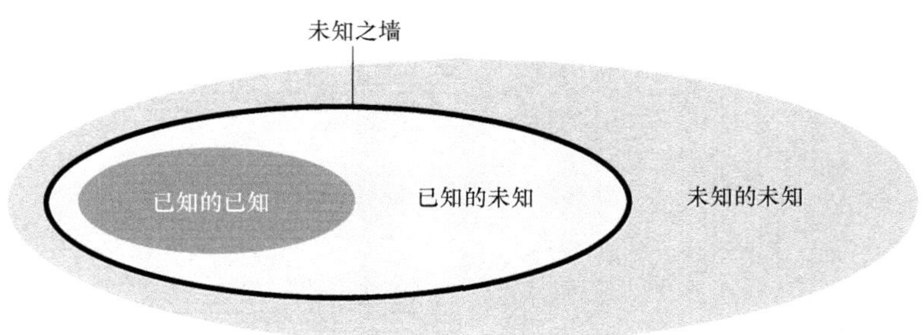

图 1-5　未知之墙

未知三环代表了我们的认知世界，这里面有“已知的已知”“已知的未知”和“未知的未知”。“已知的未知”与“未知的未知”之间是未知之墙。

每个人认知的尽头，知识的极限，就在未知之墙。未知之墙里面，属于每个人“知道自己不知道”的区域，至少还可以提出问题。而未知之墙以外，属于每个人“不知道自己不知道”的区域，对于这样的未知区域，人们甚至无法提出问题。

我们可以通过一个例子，感知一下未知之墙。

问题一：请你在 30 秒之内，尽可能多地列举便利店里出售的东西。

其实这个问题不难，每个人都有在便利店买东西的生活经验，相信可以列出很多。此处你可以把视线离开本书 30 秒，在纸上写下你的答案。

问题二：请你在 30 秒之内，尽可能多地列举便利店里不出售的东西。

这个问题有点逆向思维，问的是便利店里不卖的东西，不知道你可以列出多少种。此处你可以把视线离开本书 30 秒，在纸上写下你的答案。

我们分析一下，前面两个问题用到的思维方式，其实是完全不同的。

对于第一个问题，我们在回答的时候，由于对便利店很熟悉，因此脑海中会浮现出一个便利店的货架，可以“看着”这个货架写出答案。这个思维过程是在调用每个人既有的知识，也就是“已知的已知”。

但是第二个问题则不同，它其实在检验一个人的思维扩张速度。如果把思维想象成一架飞机，刚才在 30 秒之内，你的思维能飞到多远？最远能到达哪里？那就是你已知和未知之间的边界，也就是未知之墙，如图 1-6 所示。

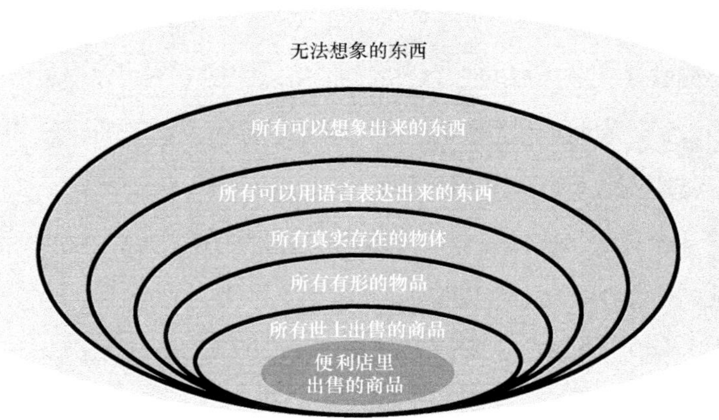

图 1-6　你的未知之墙出现在哪里？

最核心的圆圈表示便利店里出售的东西，对应前面的第一个问题。

第二个问题问的是便利店不卖什么，于是思维开始向外扩张。有的读者会选择其他零售业态，如超市、大卖场、品牌连锁店等场所，其出售的很多商品在便利店里面是没有的，比如家电、家具、衣服等。如果你的回答到此为止，那么说明你的思维扩张到这里，你的未知之墙就在这里。

可能还会有读者，在刚才的 30 秒中，会把思考扩张到所有有形的物品，比如汽车、地铁、高铁，比如飞机、大炮、军舰，比如长江、黄河、喜马拉雅山等，这些都是便利店不售卖的有形物品。相信有的读者的未知之墙在这里。

如果把思维再扩张一下，则可以拓展到所有真实存在的东西，比如空气、氧气、二氧化碳，比如分子、原子、DNA，比如动物、植物、微生物等，这些也是便利店里面不售卖的。

如果把思维再扩张一下，则可以拓展到所有用语言能够表达出来的东西，比如哲学、科学、文学，比如青春、爱情、岁月，比如逻辑、思维、意识等，这些也是便利店不售卖的。

如果把思维再扩张一下，则到达了可以想象出来的东西，这些也是便利店里面不售卖的。如果思维到达这个位置，就说明认知的边界已经扩张得非常开了。

甚至，如果再往外，还有以我们现在的认知水平，连想象都想象不出来的东西。

这个小测试很有趣，借助这个测试，你可以评估一下，你的思维可以扩散得有多远，最终到达的地方就是你的未知之墙。

未知之墙是一个人的认知尽头，难以向外跨越。

1800 年，伦敦大学自然哲学和天文学教授拉德纳警告说："高速的铁路交通绝不可能，乘客无法呼吸，会窒息而死。"

1859 年，钻出美国第一口油井的德雷克，他的一位合伙人劝说他："钻井钻石油？你是说挖到地底找液体？你疯了吗？"

1903 年，当时的密歇根储蓄银行行长劝说亨利·福特，不要成立福特公司去造汽车。这位银行行长的观点是："马会留下来，汽车只是新奇事物，一时好玩。"

1916 年，大名鼎鼎的卓别林说："电影不过是新奇事物，是罐头戏剧。观众还是想看舞台上活生生的人。"

1946 年，21 世纪福克斯制片人柴纳克说："电视机不会流行很久的，大家每天晚上对着一个方盒子，很快就会腻的。"

以上每个人都是知识渊博之士，同时，也都有自己牢固的未知之墙。当他们遇到自己"未知的未知"之时，本能的选择是不认可、不相信、不接受。

为什么会有未知之墙？因为每个人都受制于自己的时代，受制于自己的环境，受制于自己的眼界，这些都造就了未知之墙。但是，从更根本的意义上来讲，每个人看待事物的既有惯例、经验和成见，造就了自己的未知之墙。

你以怎样的方式去看待世界，看到的就是怎样的世界。

第 3 节　元思维

人们在面对问题的时候，一般有两种思维方式。

第一种思维方式我们叫作直线式思维，如图 1-7 所示。

遇到问题 ➡ 解决问题

图 1-7　直线式思维

直线式思维就是对于遇到的问题，直接寻求解决方案的思维方式。

直线式思维是人们常用的思维方式。比如，某家长发现孩子最近的数学成绩下滑，于是要求孩子多做题，希望通过做题提升成绩；比如某公司经理发现公司的利润率降低，于是要求全面降低成本，包括控制差旅、压缩采购、缩减人员；再比如，某位产品经理发现友商推出一款产品，很受市场欢迎，于是照猫画虎，也抓紧开发一款类似的产品推向市场，期待成为爆款。这些都是典型的直线式思维。

很多人都特别依赖直线式思维方式。

直线式思维奉行的是相对简单的思考方式，因此消耗能量小。事实上，思考是非常消耗人体能量的。尽管大脑重量仅占全部体重的 2%，但大脑消耗的能量高达整个身体的 20% ~ 25%。所以，大脑有一种自然的倾向，会选择那些消耗能量小的思维方式去解决问题，直线式思维恰恰符合这样的特点。

直线式思维简单直接，节省时间。繁忙的现代人需要直线式思维带来的效率快感。很多人会认为自己利用直线式思维，快刀斩乱麻地解决问题，是精明强干的标志。

直线式思维解决问题，通常是在调用一个人的过往经验。有经验可循，从过往经验中找到决策依据，会在心理上给人以安全感。

但是，直线式思维存在极大的缺点。

第一，直线式思维通常会诱使你退回到自己“已知的已知”。每次都在自己的认知舒适区里面想办法，这无形中造成了思维的封闭。长期运用直线式思维，只会让这个封闭系统越来越封闭，导致知识陈旧，能力衰退。

第二，直线式思维总是在现有的经验中解决问题，无法进入未知，无法开辟出知识增量。从这个意义上来看，无论运用多少次直线式思维，其本质上都是思维的低水平重复。

第三，直线式思维通常让人以一种固化的视角和维度去看待问题，解决问题。在前面的例子里，家长看到孩子成绩不好，就想到做题；职业经理人看到利润率低，就想到控制成本；产品经理看到别人的产品成功，就想到照搬照抄。本质上，这都是在用一种极其固化的维度去看待问题，而缺少新维度的探索与发现。

除了直线式思维，还有一种思维方式——元思维。

什么是元思维？元思维是以元认知视角，从元问题出发，探寻本质的思维方式。

我们对这个定义中的关键词逐一解读一下，这样能更深刻地理解元思维。

我们先剖析一下“元”这个字。在汉语中，“元”一般指起源、起始、根本，事物最基础、最根本的起点，我们称之为“元”。

元认知是什么呢？如果说，人们运用思维，获取知识的过程是认知。那么，人们对认知本身的认知，就是元认知。

举个通俗的例子。比如你对某一件事情产生了想法，有了自己的判断，这就是认知。接下来你进一步问自己，对这件事，我为什么会这样想呢？我为什么会做出这样的判断呢？我为什么会这样看待这件事情呢？注意，你这几个问题，都

是对自己思考的思考，对自己认知的认知，这就是元认知。

再比如，你遭遇了某件不开心的事情，非常生气，这是你情绪的反映。过了一会儿你稍微冷静下来，复盘一下自己刚才怒气翻涌的过程，你问自己，刚才我为什么这么愤怒呢？注意，当你思考这个问题的时候，你似乎把自己抽离出来了，你在客观地审视你自己，你在反思自己愤怒背后的原因，这就是元认知。

再比如，我们身边的人，如家人、同事或朋友，每个人对都会对一些事情、一些现象有自己的认知。那你可以思考一下，他为什么那样看待问题？他为什么那样思考？他的判断逻辑是什么？以客观的状态去思考别人是如何思考的，这也是元认知。

一般来讲，元认知包括这样几个特点。

（1）抽离看待。

就像在刚才这几个例子中，你都得把自己给抽离出去，以一个客观的视角去看待问题才行。我为什么会这样思考呢？我为什么这么愤怒呢？我是不是头脑中有一个情绪开关或某种防御机制呢？当这样思考的时候，你一定是把你的思考从思考的对象身上抽离开来了，因此才能客观审视，才能不掺杂情绪地思考。这就是抽离看待。

（2）自知无知。

当你用元认知的视角去思考一个问题的时候，一定要以完全清零的心态去看待，也就是从“我对这件事情完全不懂”的心态出发，不带有任何预设，这就是自知无知。比如说你对一件事情很愤怒，你以元认知去思考一下自己，“我为什么如此愤怒？”这个思考隐含的意味是，“我竟然没有觉察到自己愤怒的原因是什么。”你带着纯然探索的心态，毫无预设地去思考这个问题，这就是自知无知。如果你想以元认知视角看待事物，那就必须触发自己自知无知的状态。

苏格拉底有一句名言，如果我是最智慧的人，说明我对自己的无知有所觉察。在这句话里面，苏格拉底对智慧这个词下了一个定义：如果觉察到了自己的无知，就是智慧。这是一个非常深刻的洞见，你对自身的无知有所觉察的时候，恰恰是你最有智慧的时候。

（3）上溯源头。

事物的发展过程就像一条河流，水从源头出发，流经上游，流过中游，到达下游。事物从原初开始，不断向前发展，A导致B，B导致C，C导致D，原因带来结果，本质决定现象。但我们对事物的第一感觉，往往是先看到结果，往往是先看到现象。也就是说，我们在日常生活和工作中所遇到的事情，所看到的问题，往往都属于“下游”。因而元认知要求我们寻根溯源，回到起点，从河流的下游溯源而上，回归河流的源头。像刚才的例子，当我们问自己，我为什么那样思考呢？我为什么那样想呢？这时候，我们的思维进入对根源的探寻和思考，这就是上溯源头。这种从现象回归本质，从结果回溯原因的思维状态，是元认知的重要特点。

接下来我们探讨一下什么是元问题。

人的一项重要特质，就是会提出问题。在人的一生中，会提出许许多多的问题，有的关乎生活，有的关乎工作，有的关乎科学，有的关乎哲学……在各种各样的问题中，那些涉及事物本质的问题、根本的问题、源头的问题，我们称之为元问题。

每个领域都有自己的元问题，元问题奠定了这个领域的根基，它像一棵树的树根一样，长出了其他问题，形成了整个体系，决定了领域边界。每个领域都致力于从根本上回答元问题。下面列举某几个领域的元问题。

遗传学：什么决定了人的寿命？

神经科学：大脑的工作原理是什么？

计算机视觉：人类的视觉模型是什么？

材料工程学：结构和性能的关系是什么？

行为经济学：一个人为什么会这样做决定？

游戏开发：人类产生乐趣的原理是什么？

生物特征识别：你和别人之间最简可检测的区别是什么？

通过以上示例可以看到，元问题指向根本规律，而非表层现象；元问题推动基础思考，而非表层思考；元问题代表终极困惑，而非一般疑问。总之，元问题就是每门学科、每个领域、每项工作中，最基础、最根本、最本质的问题。

回到元思维的定义。元思维是指以元认知看待，以元问题开启，探寻本质的思考方式。元思维的过程是，遇到一个具体问题的时候，要在认知状态上进入抽离看待的元认知状态，在思维上后退一步，下沉一层，把这个具体问题转化成一个根本性的元问题，正确地开始发问，进而挖掘问题的本质，这就是元思维，如图 1-8 所示。

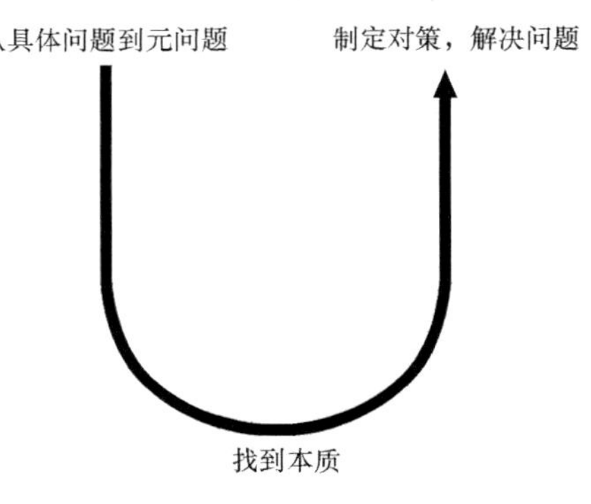

图 1-8　元思维

其实元思维离我们并不遥远。回忆一下上学时，解物理题的思维过程是怎样的。我们在试卷上遇到的都是一个个具体问题，例如物体运动、受力、摩擦等相关问题。我们在看到这个问题之后，会对这个具体问题进行抽象思考，也就是把这道题目中呈现出的现象，代入某个物理学规律之中，比如牛顿第二定律、动能守恒定律、动量守恒定律等。这样寻根溯源，追寻本质的方式，相当于已经对该题目建立了本质理解。进而基于本质理解建立一个方程组求解，相当于我们给这个问题建立了一个本质上的解决模型。最后一步，其实是一个相对容易的过程，就是解方程式计算结果。整个过程，其实就是一个典型的元思维过程。

元思维最重要的特点，就是摆脱就事论事，以元认知状态，以元问题发问，来开启本质思考，通过对问题刨根问底，对现象寻根溯源，找到事物的本质，从而带来认知的飞跃。

与直线式思维对比，元思维有显著的优点。

（1）元思维会使你不断进入未知。

当你以抽离看待、自知无知、上溯源头的状态去看待问题的时候，当你用元问题去开启本质思考的时候，你会看到一个别有洞天的新世界。每次下探本质的过程，都是走出已知、探索未知的过程。它会让你保持思维的开放，不断进入未知世界汲取养分。

（2）元思维会拓展你的认知增量。

元思维不是问经验，而是问本质，这是元思维和直线式思维最根本的区别。元思维可以提升一个人的思维层次，越是本质的思考，越能看到宽广的世界，“欲穷千里目，更上一层楼”。

（3）元思维会丰富你的思考维度。

运用元思维，相当于跳出原问题的层次，而进入一个更高的层次，运用更丰富的维度去思考问题。元思维不是简单的低水平重复，而是每次都在向上攀爬。

与直线式思维相比，元思维对一个人提出了更高的要求。

首先，直线式思维几乎是每个人的本能，而元思维需要一个人对自己的思维方式进行有意识地自觉训练，包括抽离看待、自知无知、上溯源头的元认知状态，包括探寻事物本质的元问题思考等。元思维需要一个人对自己提出更高的要求，投入更多的时间。

其次，直线式思维是直接求解，而元思维是间接求解的方式。元思维不会直接对问题给出答案，而是先对问题进行本质剖析，再进而求解。因此，元思维不适合时间要求紧迫且答案非常明确的场合。

再次，直线式思维消耗能量较小，而元思维消耗能量相对较大。我们也并不建议处处运用元思维，但是在重要的问题上，你应该运用元思维。

最后，我们把直线式思维和元思维做一下整体对比。

直线式思维是遇到问题直接解决问题；元思维是看到具体问题后，要把这个具体问题转变成元问题，再通过挖掘本质，从本质出发再去解决问题。

直线式思维是直线的，元思维是曲线的。

直线式思维是既有固定维度的思考，元思维是升高维度的思考。

直线式思维建立的是封闭的思考体系，元思维建立的是开放的思考体系。

直线式思维让人始终在认知存量范围内思考，元思维则帮助人获得认知增量。

请你思考一下自己的思考方式，在平时的生活或工作中，你是一个以直线式思维为主的人，还是一个以元思维为主的人？

第 4 节　跨越未知之墙

前文提到过一个重要概念——未知之墙。设想一下，假如你在一个露天的迷宫中左突右冲，探寻出路。但是，无论你走到哪里，看到的都是各种各样的墙壁，路都已经被堵死，你始终无法找到出口。未知之墙对于一个人认知的束缚，就像这个迷宫一样，会把每个人的认知牢牢禁锢住。

人为什么很难跨越未知之墙呢？这是因为直线式思维的缘故。

直线式思维是一旦遇到问题，马上解决问题的简单思维方式。很多人长期依赖于直线式思维，这导致他们始终在认知的存量里思考，没有形成认知的增量突破；始终在一个封闭的系统中思考，没有形成思维的开放；始终以固定维度思考，没有升高维度思考。长此以往，直线式思维带给人的就是“不识庐山真面目，只缘身在此山中”。直线式思维方式始终把你禁锢在已知的范畴内，无法跨越未知之墙，如图 1–9 所示。

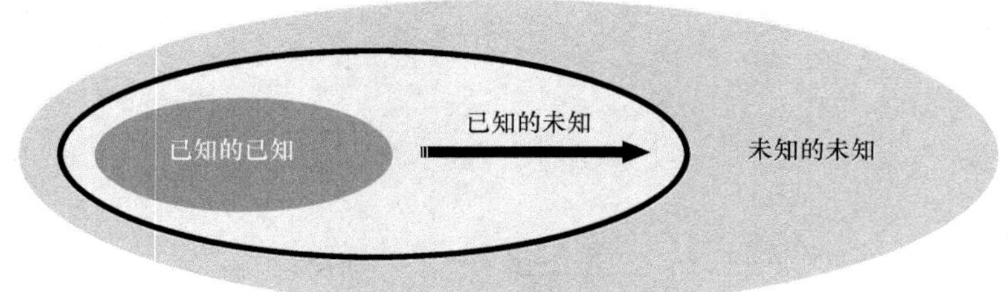

图 1–9　直线式思维无法跨越未知之墙

回到迷宫这个隐喻中。当你在里面左突右冲也无法走出迷宫的时候，恰好看到一个热气球，你坐进去，让这个热气球带着你从露天的迷宫中腾空而起。这时候，

你可以从天上俯瞰迷宫，可以清晰地看到里面的各种路线，如果仔细查看，相信你是可以找到一条可行路径的。对待未知之墙也是如此，需要你在思维上能够升高自己的维度，以高维的状态重新审视，这可以帮助你自己真正跨越未知之墙。

人如何才能跨越未知之墙？要运用元思维。

元思维是指以元认知看待，以元问题开启，探寻本质的思考方式。元认知是指把自己从问题中抽离出去，保持“无知”状态，纯然客观地看待问题的状态。元问题是指造成问题的问题，最核心的问题，最根本的问题。我们以元认知的状态，定义元问题，进而探寻本质，从本质上寻求解决方案，这样的思维方式就是元思维。

元思维遇到问题的时候，不是马上求解，而是把遇到的具体问题变为一个追根溯源的元问题，再沿着元问题层层下探，挖掘本质，对元问题建立透彻的本质理解。基于对问题的本质理解，建立本质性的思路与解法。最后，基于本质解法，找到可操作的现实版解决方案。

元思维通过客观理性地挖掘事物本质，提升思考维度，在底层逻辑上对事物建立了更本质、更完整、更开放的认知，从而打开了认知系统，获得了认知的增量，看到了以往看不到的东西。“欲穷千里目，更上一层楼。”运用元思维，才能跨越未知之墙，进入未知的未知，如图 1-10 所示。

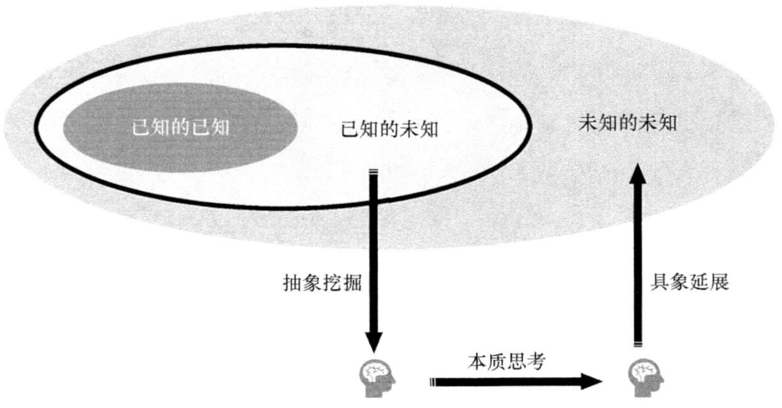

图 1-10　元思维可以跨越未知之墙

元思维的整个思考过程，形状上像英文字母U。我们就给元思维方法起了个名字，叫作U型思考。这也是本书的主旨所在，如图1-11所示。

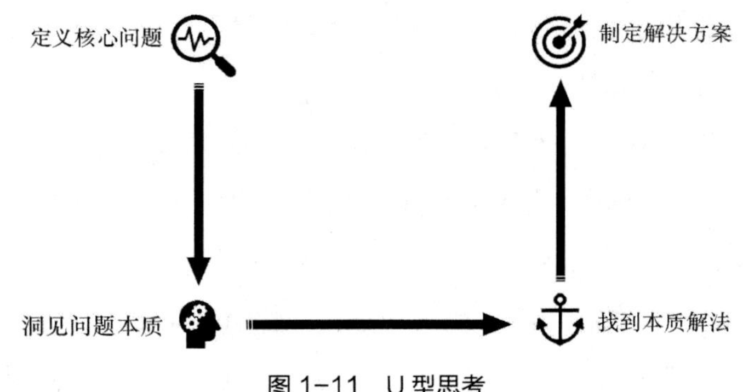

图1-11　U型思考

U型思考是元思维的实现载体，是对元思维过程的具体展开，是运用元思维的操作方法。

U型思考首先是定义核心问题，进而挖掘出这个核心问题的本质答案；再基于这个问题的本质答案，建立解决问题的本质解思路；最后，对本质解思路进行分解细化，制定最终的可操作解决方案。这就是U型思考的整体框架。

通过与直线式思维的对比，能够更加鲜明地看到U型思考的特点。

直线式思维做具体题目，U型思考建立题型。

直线式思维鼓励快速行动，U型思考强调抽象思考。

直线式思维重手段、重效率、重局部，U型思考重本质、重开创、重整体。

直线式思维遵循现有的结构，使用既有维度，竞技场不变；U型思考会打破现有结构，努力创造新维度，改变竞技场。

直线式思维带来的创新结果，通常是连续的、渐进式的创新，因为直线式思维只能带来程度性的改善；U型思考带来的创新结果，通常是非连续的、破坏式的创新，因为U型思考会进行根本性的创新，创造出全新事物。

越是秉持直线式思维的人，越喜欢区分常识和非常识，越会把人分为内行或者外行。因为，直线式思维的人往往会受到“常识”的束缚，被禁锢于未知之墙之中而不自知。

越是秉持 U 型思考的人，越会打破常识和非常识的界限，不会轻易把人分为内行或者外行。因为 U 型思考的人，不会受到“常识”的羁绊，甚至看起来会像“外行”一样，问出一些看似简单实则深刻的“傻”问题。但只有这样的人，才能挖掘到事物本质，做出真正的创新。

希望通过学习本书，你能真正掌握 U 型思考，成为一名洞察本质、勇于创新的高手。

第 2 章

U 型思考是什么?

> 一切直线都是骗人的，所有真理都是弯曲的。
>
> ——德国哲学家 弗里德里希·威廉·尼采（Friedrich Wilhelm Nietzsche）

第1节　高手是如何思考的

在生活和工作中，我们总会遇到各种各样令人困惑的问题。比如，我感觉自己思维深度不够，如何才能改变？我的工资太低，如何多赚一点？我所在的公司如何才能有稳定的订单？公司为什么总是开发不出爆款产品？……每天，我们都要面对问题并且解决问题。

面对问题，人们经常使用的一种思考方式是直线式思考，对问题在现象层面直接求解，如图 2-1 所示。

遇到问题 ➡ 解决问题

图 2-1　直线式思考

直线式思考的优点是简单直接，但是缺点在于，它在很大程度上依赖于直觉和经验，就事论事而非从根源上解决问题，无法获得本质的、深刻的、创新的解决方案。

另一种思考方式是U型思考，U型思考强调找准问题、看透本质、谋定而后动。当你面临重要问题、需要把握本质，需要取得突破的时候，我建议你运用U型思考，如图 2-2 所示。

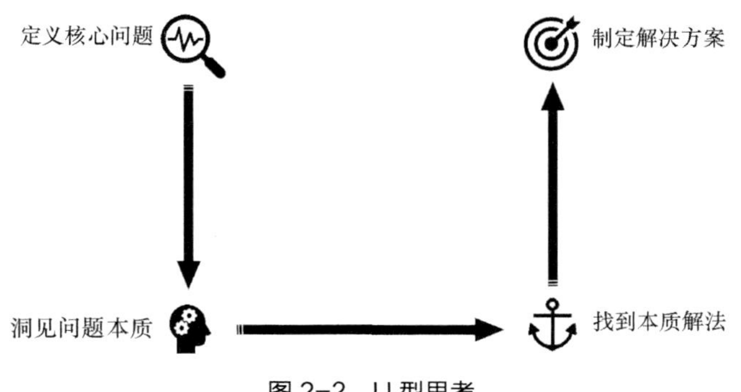

图 2-2　U 型思考

U 型思考分为四步：

第一步，定义核心问题，也就是问出直指核心的好问题；

第二步，洞见问题本质，从核心问题出发，层层下探，挖掘本质；

第三步，找到本质解法，基于对问题本质的认识，找出根本解；

第四步，制定解决方案，以本质解为核心，明确解决问题的各项举措。

接下来，让我们具体了解一下 U 型思考的每个步骤。

（1）定义核心问题。

U 型思考以提问开始，需要以一个好问题来开启。

U 型思考对于提问方式有要求，只能用为什么（Why）或者是什么（What）来提出问题。

为什么（Why）类型的问题，可以帮助发问者发现原因或者探寻动机。比如，天为什么是蓝的？苹果为什么成熟之后落向地面？为什么公司业务增长放缓？为什么这款新品大受市场欢迎？这些都是用 Why 提出的好问题，其主要目的是发现原因。再比如，他为什么要坚持健身？公司为什么要在这个领域加大投资？竞争对手为什么大范围增加渠道布局？这也是用 Why 提出的好问题，其主要目的是探寻动机。

是什么（What）类型的问题，可以帮助发问者发现本质或聚焦关键。比如，我们现在要开发一款新产品，那么目标用户的需求本质是什么？领导交给我一项新任务，做好这项新任务的本质是什么？我所处的行业，现在发生了剧烈变革，这一轮变革的本质是什么？这是用 What 类型问题来发现本质。再比如，一家企业在制定新一年计划时，会列出很多要完成的任务，那么哪项任务是最重要的？一家企业当前面临很多的挑战，其中最主要的挑战是什么？造成一个问题的原因有很多，其中最主要的原因是什么？这是用 What 问题来聚焦关键。

这个环节用一个字总结，就是“问”。你定义问题的水平，决定了你解决问题的水平。能否提出好问题，直接决定了能否挖掘出深刻的本质，以及能否得到突破性的解决方案。

（2）发现问题本质。

我们要学会就任何一件事去发问并作答：这件事的本质是什么？通过提问找到规律，透过现象看到本质，借助思考建立联系。

既然说到问题本质，那么什么是问题本质呢？

从形式上，本环节的问题本质，是前一环节核心问题的答案。U 型思考是通过一问一答的形式来挖掘本质的。

从内涵上，问题本质指的是，针对前一个环节的核心问题，得到的主要症结、主要矛盾或主要规律。

主要症结指的是造成事物不良结果的根本原因。举例来说，某家企业所处的行业发展迅猛，但该企业增长极其缓慢，原因是什么？原因是该企业的创新能力弱，无法捕捉行业内出现的新机会。这就是制约该企业发展的主要症结。

主要矛盾指的是事物构成要素之间的冲突，这种冲突对于事物的发展具有决定作用或重大影响。举例来说，在某快速发展行业中，却没有出现上规模的企业，其主要原因是，快速发展的行业机遇和普遍非标准化的企业运作模式之间的矛盾。再例如，某企业既希望形成富有激情、你追我赶的团队文化，又渴望奉行相对宽松、依赖自觉的管理制度，那么两者之间的矛盾冲突，将决定这家企业的文化价值观。

主要规律是指决定事物发展变化的内在结构和普遍联系。举例来说，树上的苹果成熟之后，为什么向地上掉，而不是向天上飞？这个现象背后的规律，就是地球上一切物体都受到地球的吸引，也就是重力作用。如果再深挖一层，则是物体之间普遍存在的万有引力决定了苹果落向地球。这就是现象背后的主要规律。

这个环节如果要提炼出一个关键字，那就是“挖”。就像打一口井一样，不停地向下挖，直到挖出事物本质，解答核心问题。

（3）找到本质解法。

美国投资家查理・托马斯・芒格（Charlie Thomas Munger）有一个著名的观点：商界有一条非常古老的原则，分为两步，第一，找到一个简单的基本的道理；第二，严格地按照这个道理行事。

无论在生活中还是在工作中，我们都要找到每个领域简单而基本的道理。U 型思考的第三个环节，就是要找到这个道理。

在 U 型思考的第二个环节，即“洞见问题本质”环节，对于事物的本质已经有了深刻的理解。在此基础上，我们要根据自己的优势能力、资源禀赋或主观偏好，推导出自己在某领域的根本性的决策判断，这就是 U 型思考第三个环节中的“本质解法”，也是查理・托马斯・芒格所说的“简单的基本的道理”。

U 型思考中，本质解法最通常的表现形式，是用一个关键词或者一句话，说明你在这个领域的中心思想。例如，一名产品经理在工作中的本质解，就是“深度洞察用户，做出爆款产品”；一家生鲜电商企业在战略上的本质解，就是“优质食品与极致体验”；一支创业团队在创新上的本质解，就是“自发组织，自我驱动”。有了本质解法，也就是有了中心思想，后续所有的决策和行动，都要遵循本质解法。在本书的后文中，“本质解法”通常会被简述为“本质解”。

U 型思考进行到“找到本质解法”这个环节的时候，通常需要我们打破以往的认知遮蔽。于是，我们选用“破”，也就是打破的破、不破不立的破，作为本环节的关键字。

（4）制定解决方案。

在 U 型思考前一个环节中，我们得到了本质解。在本环节中，要从本质解出

发，通过细化拆解，形成可操作、可落地的具体举措方案。

举例来说，假定你在企业经营中的本质解是“以客为尊”，那么，你要在营销、客服、渠道、产品、研发、供应链、企业文化等各个方面，按照“以客为尊”的中心思想，进行全面部署和落地，最终形成一整套操作举措。

在这个环节中，要在得到本质解的基础上，通过逻辑化、结构化分解，把整个系统建立起来，得到最终的解决方案。如果也用一个字来描述这个环节，那应该是“立”。

在本节的开篇，我们提出过四个问题：我总是感觉自己思维深度不够，如何才能改变？我的工资太低，如何多赚一点？我的公司如何有持续的订单？公司为什么总是做不出爆款产品？这四个问题都是在工作中很常见的问题。

接下来，我们用U型思考的方式，来解答一下这四个问题。

第一个问题，我感觉自己的思维深度不够，如何才能让自己的思维变得更加深刻呢？

如何让我的思维更有深度，这是一个How类型的问题。按照U型思考的要求，我们要把它转换成一个Why类型的问题，那就是，我的思维深度为什么不够深？这就是U型思考中的【问】。

下一步应该是U型思考中的【挖】。思维深度不够的本质症结是什么呢？可以发现，很多人思维深度不够，背后的原因在于缺少问题驱动的思维方式。说得简单一点就是，问不出高质量的问题。答得精彩，不如问得漂亮。不擅长提问的人，无法调动自己的思维，也无法让自己的思考能力得到锻炼，思维自然就不够深刻。所以，对为什么缺少深度思维能力的问题本质判断，思维自然就不够深刻了。

下一步应该是U型思考中的【破】。现在已经对制约思维深度的症结有了本质认识，基于这样的认识，要具备深度思维能力，关键是要成为一个善于发现问题和定义问题的人，始终用问题带动自己的思考。

下一步应该是 U 型思考的【立】。本质解已经有了，那么该如何具体操作？要学会高质量发问的专业方法，可以上网找一些资料和课程，还可以向周围的同事学习请教，并且在生活和工作中，反复练习，强化能力。总之，本质解想明白之后，要把本质解转化为一系列具体可操作的举措，如图 2-3 所示。

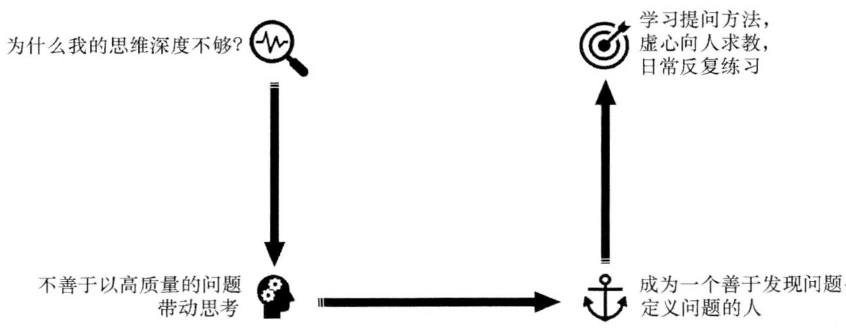

图 2-3　运用 U 型思考，提升思维深度

这个例子说明，运用 U 型思考，我们每个人都可以提升自己的技能。除了思维能力，你还可以运用类似的思考方式，分析一下如何提升自己的沟通能力、表达能力和管理能力等。

再看这个案例：我的工资如何才能更高？

初始问题是一个 How 类型的问题，按照 U 型思考的要求，必须把它转换成 Why 类型或者 What 类型的问题。那我们先思考一个基本的、本质的问题：一个职场人的工资水平，本质上是由什么决定的？

我们知道在经济学理论框架里面，供给和需求两条线的交叉点，决定了商品的最终价格。一个人的工资，其实也就是这个人作为人力资源，在人力资源市场上的价格。所有同类人才汇聚成为供给曲线，所有招聘这类人才的岗位汇聚成为需求曲线，供给曲线和需求曲线的交叉点，最终决定了这一类人才的市场定价，也就是工资水平。通俗地讲，就是你所做的工作，在市场上如果没有几个人能干，需求远远大于供给，那么你的工资一定低不了；如果你干的工作，很多人都能干，供给远远大于需求，那么你的工资一般不会太高。所以，某一类人才的人力资源价值的供需均衡，或者说，这一类人才在人力资源市场的稀缺程度，最终决定了工资水平，如图 2–4 所示。

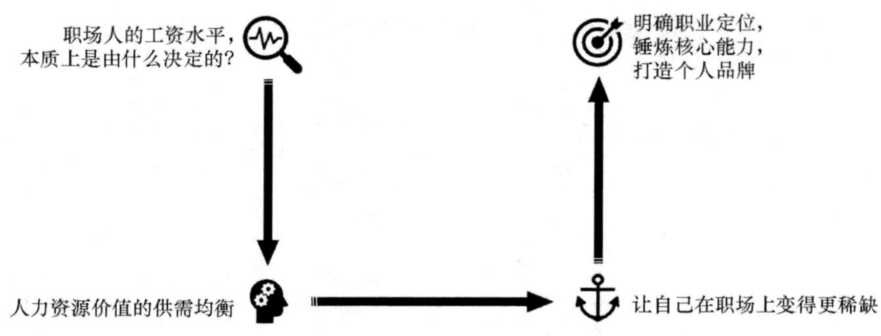

图 2–4　运用 U 型思考，提升工资收入

这个认知给我们带来很多启示。如果直线式思考的话，我们一般认为工资高会跟加班时长、出差天数或跟领导的关系相关，或者更进一步，工资与你所处的管理层级和业绩表现相关，这些也都有一定的道理。但是，本质上讲，工资的高低是由人才在市场上的稀缺程度决定的。

沿着 U 型思考继续推进，有了对工资的本质认识，那么提升工资水平的本质解是什么呢？本质解就是让你在职场上变得更稀缺。如果想多获得一点工资的话，你一定要发掘出自己稀缺的职业价值。

懂得这个道理之后，具体方法是什么呢？

（1）你要思考一下自己在职场上的最佳定位是什么，找准机会，发挥优势，找到一个合适的岗位。

（2）在这个定位基础上，打磨出自己的核心能力，也就是通过上课、学习、实践等，让自己变得确实强。

（3）打造出自己的个人品牌，成为在这个领域不可替代的领先者。

这是一个运用 U 型思考、找到职场价值的案例，希望你可以借鉴一下，并仿照这个 U 型思考的过程，找到自己的职场定位。

下面一个问题是每个企业都会关心的问题，一个企业如何接到越来越多的订单呢？

初始问题是一个 How 类型的问题，我们把它转化为 Why 或者 What 类型的问题：企业订单可持续的关键是什么？

通过下挖本质，在我们假定企业所处的行业环境没有大的变化的前提下，决定企业订单可持续的关键，一方面是有刚需，客户有持续的需求；另一方面，就是客户口碑，口碑越好，证明客户越认可你，就会有越多的客户选择你，你的订单就可以持续，如图 2-5 所示。

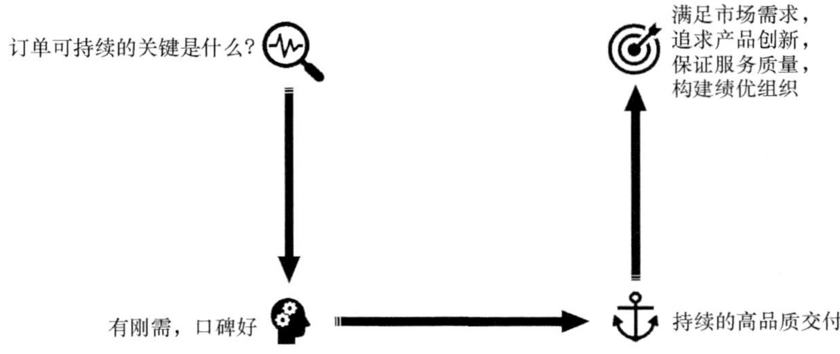

图 2-5　运用 U 型思考，确保订单持续

这给你的启发是什么？要保证持续的高品质交付，满足客户需求，创建良好口碑，这就是本质解。想想屹立三百余年不倒的同仁堂，“炮制虽繁必不敢省人工，品味虽贵必不敢减物力”，本质上就是通过高品质交付，真正成为一个百年老店。

基于这个本质解，具体需要企业做什么呢？在一个企业中，需要时刻保持对客户需求的洞察，理解客户消费的潮流脉动，以不断的产品创新满足乃至引领客户的需求。此外，还需要通过制度、流程、数字化等手段，不断提高服务质量，真正做出好口碑。企业的组织机构、人才梯队、文化建设也要跟上，真正像同仁堂一样成为一个追求品质为先的企业。

这个企业订单持续的问题，其实是一个涉及行业周期、市场定位、消费变迁、

产业链变化、服务品质等多个因素的问题，本案例为了便于说明，进行了简化处理。希望你可以借鉴这个U型思考过程，为自己的企业找到订单增长之道。

再看第四个问题。今天，很多企业都在发起创新，希望打造出自己的爆款产品。但很多企业投入不少，创新效果却并不好，新业务始终没有扩大规模。我们用U型思考来分析一下这个问题。

为什么很多企业都在创新，却始终没有大的创新突破呢？这是一个非常普遍的问题，我们以这个问题开启U型思考。

在现实的商业世界中，经常出现这样的情况，很多企业关注潮流风尚，什么流行做什么，不停地跟随对手，照抄照搬别人的做法，缺少创新。其中最集中的表现是不能站在用户的角度，不能真正理解用户的痛点和需求。如果始终以这样的模式开展创新，即便投入再多，也很难达到预期，如图2-6所示。

对问题本质有了认识之后，企业要结合自己的优势，进行创新，深挖用户的需求，特别是满足用户尚未被满足的需求。如果你总是在模仿别人，那说明你只是在满足用户已经被满足的需求。如果你想要获得超额收益，想要打造爆款产品，那你就要满足那些尚未被满足的需求。用户未被满足的需求就等于创新的机会。

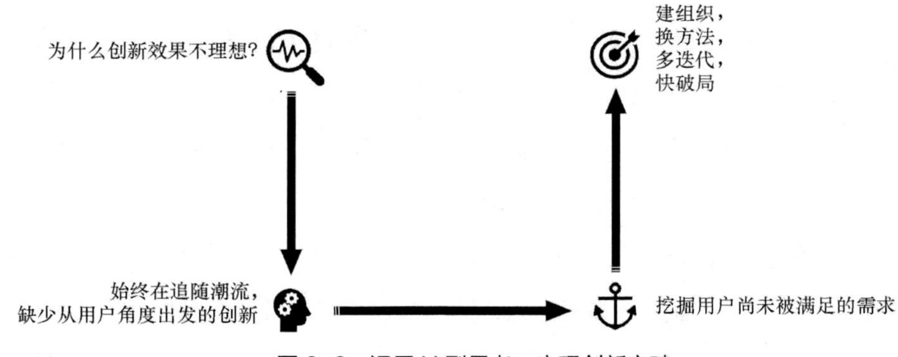

图2-6　运用U型思考，实现创新突破

有了这个本质解，企业要将其转换成落地的解决方案，应该要做什么呢？

（1）建立新组织。比如成立一个全新的项目组或事业部，去打造新产品。

（2）运用新方法。要做好客户需求调研，深挖客户需求的本质，甚至是客户尚未被表达出来的需求的本质，对这些都要进行深度研究。

（3）快速试错，快速迭代，争取快速破局。

事实上，创新本身就是一个失败大于成功的过程。在这个过程中，战略、组织、领导力、认知，都有可能对创新造成羁绊。本案例仅展现了导致创新失败的可能性之一，你可以结合所在企业的实际情况，运用 U 型思考，找到自己的创新破局之道。

《道德经》里面有一句话："道生一，一生二，二生三，三生万物。"这句话是对 U 型思考的极佳诠释。其中，对某领域问题本质的理解和认识，就是"道"。基于这个"道"，可以生出"一"，也就是在这个领域的本质解法、中心思想、决策定见。有了"一"之后，一生二，二生三，三生万物，演化出系列的举措与打法，最终实现在这个领域的重大突破，到达未知之境。而开启这一切的，是一个探寻本质的问题，正所谓"问道"。

本节完整介绍了 U 型思考方法，简单说，U 型思考有四个环节：【问】【挖】【破】【立】。U 型思考的操作过程，可以浓缩为八个字，"先问后挖，不破不立"。

U 型思考的全部秘密，就藏在这八个字里。

第 2 节　认知差，定胜负

有一部很著名的电影《教父》，里面有一句经典台词，“半秒钟看透事物本质的人，和花一辈子都看不清事物本质的人，注定拥有截然不同的命运”。这是值得品味的一句话，不同人的不同职业成就，很大程度上取决于认知水平的差异。

不同的人面对同样一个问题所产生的不同理解，最后决定了不同的职业走向。三个工匠在同时做同样的工作，都是在砌砖盖房子。旁边有路人经过，问这三位工匠，你的工作是什么？第一个工匠回答，我在砌砖；第二个工匠回答，我在盖一间大房子；第三个工匠回答，我的工作是让这个城市更宜居。

三种不同的回答，代表了对工作意义的三种理解，也暗示了对自我的不同期许，如图 2-7 所示。

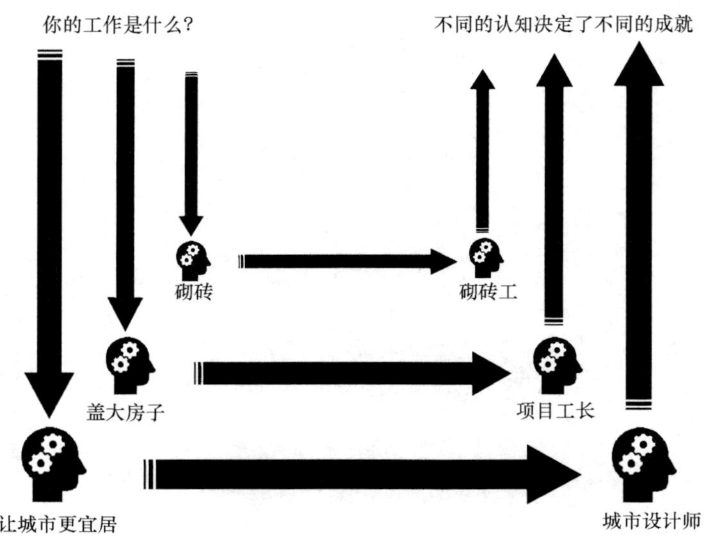

图 2-7　三名工匠对同一工作的不同理解

第一个工匠，对自己工作的理解就是砌砖，自己的职业期待就是一个砌砖工；第二个工匠，对自己工作的理解是盖一间大房子，他对自己的职业期待是能成为一个工长；第三个工匠，对自己工作的理解是让城市更宜居，他最终成了一个城市设计师，因为他为工作赋予了意义，这也无形中给自己提出了更高的目标。对待同一个问题，不同的人产生不同的认知，不同的认知决定不同的意义，不同的意义带来不同的动力和要求，最终决定了不同的职业走向。

即便我们不跟别人比，只跟自己比，也可以看到，在我们的成长中，不同的认知水平，也决定了我们在不同阶段的成就。

正如王国维在《人间词话》中所说，“古今之成大事业、大学问者必经过三种之境界”。

第一重境界是，“昨夜西风凋碧树，独上高楼，望断天涯路”。这个时候可以类比为我们在学习或工作中的迷茫，所有人都经历过这样的状态。

第二重境界是，“衣带渐宽终不悔，为伊消得人憔悴”。很多人在职场上都经历过艰辛打拼的阶段，为了一个梦想，全力以赴，哪怕消得人憔悴。

第三重境界是，“众里寻他千百度，蓦然回首，那人却在灯火阑珊处”。通过苦苦地钻研和努力，有一天你已经成了这个领域的高手，这时候能领略到其他人感受不到的独有美感。

仿照王国维《人间词话》的三重境界，我们分析一名管理者的三个阶段。在一名管理者的职业生涯中，始终贯穿着这样的问题：“带领团队最重要的是什么？”在职业生涯中的不同阶段，对这个问题会有不同的理解，如图 2-8 所示。

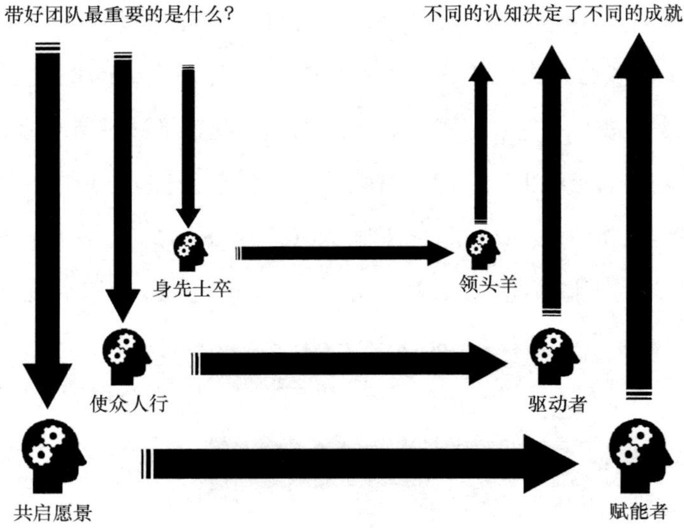

图 2-8　管理者的三重境界

通常来讲，在一个人当上人生中第一个项目经理的时候，往往负责的是一个小型团队，对于带团队的理解就是，一个项目经理要身先士卒、事必躬亲。这个时候，管理者往往非常辛苦，因为管理者自己就是团队中最能干的执行者。

过了一段时间，随着管理层级提高，管理人员规模扩大，面临的任务越来越复杂，管理者会发现，光靠自己干不了多少事情，而是需要整个团队心往一处想，劲往一处使，团队需要一起向前走。通常进入这个阶段，管理者需要开始学习一些管理上的方法，比如下达指标、订立流程、明确制度等。

随着管理层级越来越高，管理人员规模越来越大，管理者会发现用制度管人、用流程管人这样的方法，也可能会失效，他会意识到最好的管理是点燃每个人内心的火苗。在这个阶段，管理者对于带团队的理解，就变成了共启愿景，也就是用愿景和使命感，让每一个人自发、自觉、自愿地去热爱工作，达成组织目标，这是管理中非常高的境界。

正如以上分析，每个人在职场不断成长，对于带领团队的理解也是不断加深的。身先士卒，使众人行，共启愿景，在每个阶段的不同理解之下，管理者对自己的要求也会有明显的不同。

如果你认为带好团队的关键是身先士卒，那么你对自我的要求就是，要成为一个很棒的“领头羊”。

如果你认为带好团队的关键是使众人行，那么这个时候你才开始真正理解什么叫管理，这个时候你才开始成为一个真正的管理者。

如果你认为带好团队的关键是共启愿景，那么你对自我的要求会转变为一个赋能者。你会通过给团队成员赋予使命感，为他们提供更多技能支持，帮助他们自我驱动，自我成长，最终带来组织的成长。

一个人的职业生涯，往往就是对事物理解不断加深的过程，眼界格局不断拓宽的过程，对成就他人越来越笃信不疑的过程。

在著名的科幻小说《三体》中，有一个比地球更发达的文明叫三体。三体向地球发射了智能质子，用智能质子直接锁死了地球的基础物理研究，终止了人类对基础物理的探究。为什么三体要做这件事情？我们用 U 型思考来分析一下，如图 2-9 所示。

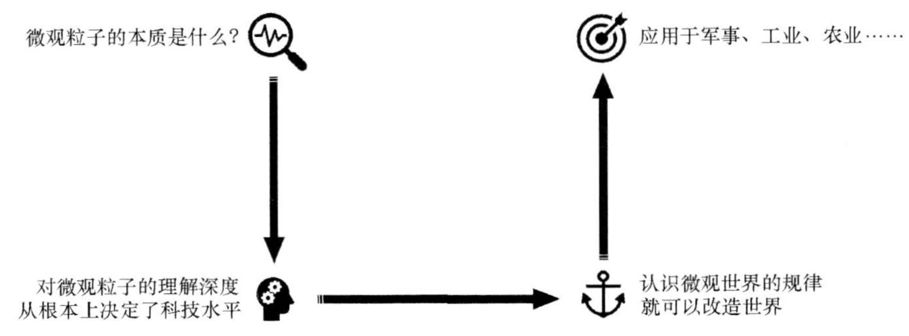

图 2-9　研究微观粒子的意义

无论人类还是三体，任何一个文明要发展，都要研究微观粒子，都要搞明白微观粒子的本质是什么。因为对微观粒子的理解，从根本上决定了科技水平。对每种文明来说，当它对微观粒子有了深刻的认知之后，等于就看到了世界底层的秘密，就可以更好地改造世界。例如，我们现在所使用的计算机、手机等智能设备，

其实都来自于人类对于微观粒子底层规律的研究和理解。再例如，《三体》中三体舰队击败地球舰队，用的是非常简单的一招。当时三体放出了一艘小飞艇叫“水滴”，“水滴”是怎么打败地球舰队的呢？就是撞击，不停地撞击，高速地撞击。那“水滴”为什么能把地球的舰队撞毁而自己安然无恙呢？根源就在于三体对于微观粒子的理解深度与运用水平，远远超过地球。三体所建造的飞艇，微观粒子之间紧密连接，所形成的整体结构强度远远超过地球金属。这说明，一个文明对微观粒子研究得越深刻，就越可以更深入地认识世界，进而改造世界，把认识到的规律充分应用于军事、工业、农业，推动科技不断发展。用一句话总结，就是对于微观粒子研究的目的是为了推动文明的进步。

回到前面的问题，三体为什么要发射智能质子，阻止地球文明开展基础物理研究呢？通过前面的分析可知，高等文明在打压低等文明的时候，其实只需要做一个动作，阻止低等文明去理解事物本质，就可以封杀低等文明科技进步的可能性，如图 2-10 所示。

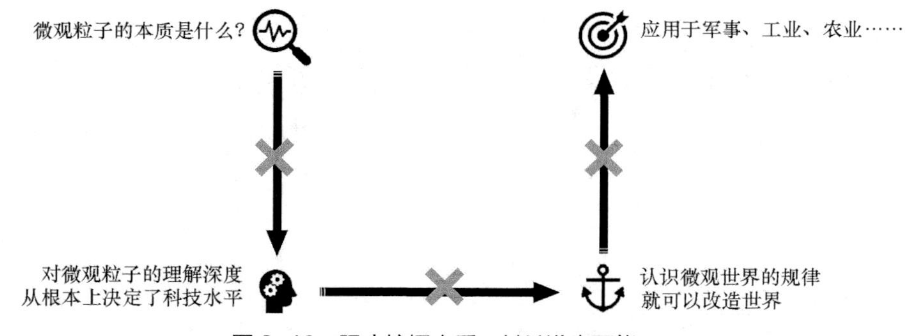

图 2-10　阻止挖掘本质，封杀进步可能

在《三体》这部小说中，三体发射智能质子，干扰了人类高能粒子加速器的实验，使得地球人没法挖掘到微观粒子的本质，没法掌握世界的规律，也没法实现军事、工业、农业等领域的进步。换句话说，封杀了地球进步的可能。

这个道理如果类比到每个人的成长中，其实可以引申出这样一个道理：阻止一个人进步，最残酷的方式就是阻止他的本质思考。一个人如果停止了对于本质的探索，也就再也无法进步了，如图 2-11 所示。

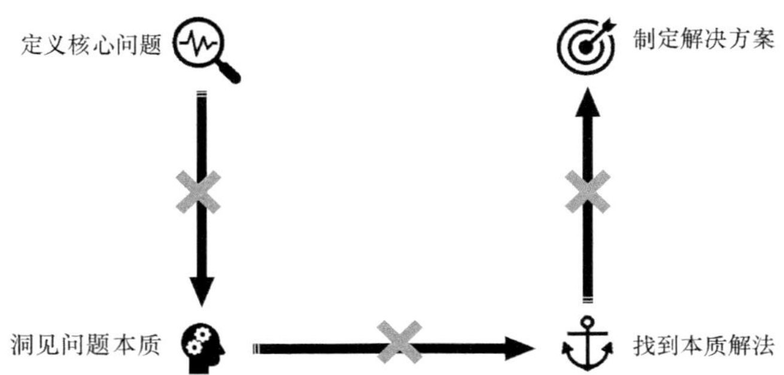

图 2-11　阻止一个人进步最残酷的方式

反思一下，其实很多时候，阻止我们进步的不是别人，而是我们自己。如果一个人总是大量使用直线式思维，从来不分析事物的本质，就相当于自我阻断了对于事物本质的把握，就永远没办法提升自己的认知水平。

从这个意义上讲，每个人都应该不断运用 U 型思考，提升本质思考能力。对于一个把 U 型思考作为日常习惯的人，没有任何力量可以阻止他的成长。

第 3 节　透视 U 型思考

对于 U 型思考，我们提出三个问题。

第一，U 型思考的结构本质是什么？

第二，U 型思考的思维特点是什么？

第三，U 型思考的适用场景是什么？

希望通过这几个问题的探讨，我们可以更加深度地理解 U 型思考。

第一个问题，U 型思考的结构本质是什么？

U 型思考，通过问题开启，层层下探，挖掘问题本质，然后找到本质解，最后解决问题，这是对 U 型思考的步骤性表达，如图 2–12 所示。

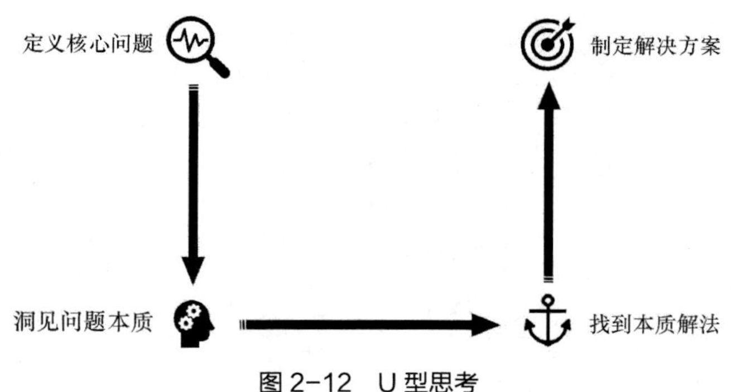

图 2–12　U 型思考

我们现在换一个视角来理解 U 型思考，如图 2–13 所示。

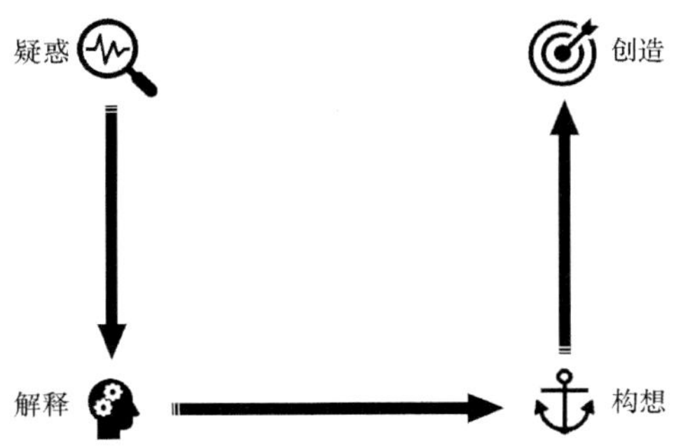

图 2-13　U 型思考的结构本质

U 型思考通常起源于一个疑惑。疑惑是什么？就是好奇心，就是对世界的思考，就是探索未知的欲望。好奇心引发了疑惑，提出了问题，从而开启了 U 型思考【问】的环节。

U 型思考对于问题本质的回答，其实就是对于这个疑惑的解释。“疑惑”是最初提出的问题，通常都是具体的、基于事实的、从现象出发的；“解释”是挖掘出的问题答案，通常都是抽象的、基于认知的、从规律出发的。U 型思考【挖】这个环节，是给“疑惑”和“解释”建立联系。

U 型思考的本质解，就是你对于一个事物的本质有了深刻的认知之后，结合自己的个性偏好、主观意图、优势强项，形成的思路构想。这个构想，可能是关于你职业成长的构想，可能是关于你所在企业发展的构想，可能是关于你对所在行业变革创新的构想。总之，在对一件事情给出了深刻的解释之后，你开始对自己如何进一步参与此事产生了自己的想法，有了自己的主意、定见和决心，这就是构想。在 U 型思考中，通过【破】这个环节完成这一步。

基于前面的构想，你规划了相应的举措，包括提升自我，改善工作，甚至改变你所能够改变的一切，这就是创造。U 型思考一方面重在以本质思考的方式去认识世界，另一方面也在以本质思考的方式去创造未来。这个环节就是 U 型思考中的最后一步【立】。

U 型思考包含了疑惑、解释、构想和创造。我们所有思考的起点都会从一个疑惑出发，基于疑惑提出问题。为了回答这个问题，层层下挖找到本质，实际上就是对疑惑给出解释。基于这个解释，我们还要提出自己的想法，形成自己的定见，这就是构想。最后基于这个构想，展开创造。

基于疑惑提出问题，基于问题给出解释，基于解释建立构想，基于构想开展创造，这就是 U 型思考的结构本质。

第二个问题，U 型思考的思维特点是什么？

在 U 型思考“先问后挖”的过程中，我们的思维进行了抽象化，把表面现象通过抽象思维的运用，理解为本质规律。这个过程同时也是升维思考的过程，把表面现象理解为本质规律，为表层事实找到深层原因，为具体问题找到底层答案，这个过程需要思维从低维到高维攀升，如图 2-14 所示。

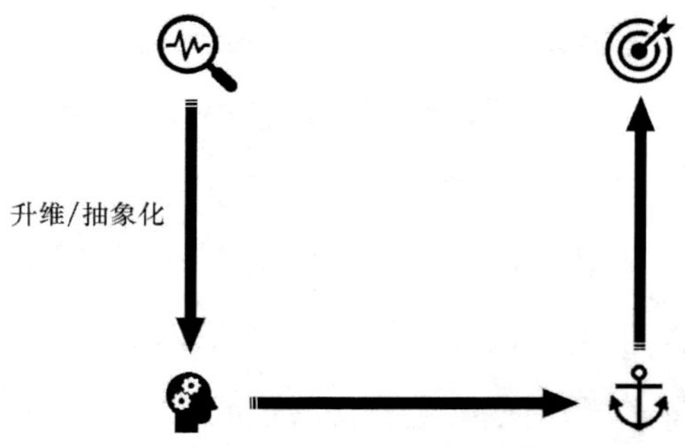

图 2-14　U 型思考的思维特点之一

当我们对事物的本质产生了认知之后，接下来会生成我们自己对这件事的构想，这个过程不可避免地会有每个人主观化或个性化的影响。假设有两个人——张三和李四，对一件事物的本质有同样的认知，那么张三和李四最终的本质解是不是一样呢？很可能是不一样的。因为张三和李四，两个人的资源禀赋不一样，核心能力不一样，个性偏好不一样。所以，即便张三和李四对一个事物的本质有同样的认知，但最后的本质解也可能是完全不同的。U 型思考中从问题本质到本质解的过程，是一个不可避免地有主观化和个性化的过程，这是正常的也是必然的，如图 2–15 所示。

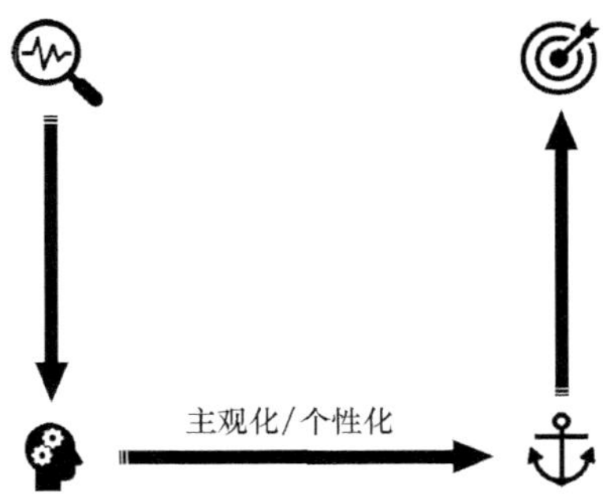

图 2–15　U 型思考的思维特点之二

当我们有了对一件事的本质解，有了自己的决策定见，有了自己的构想之后，下面要通过 U 型思考把它转化成一个可落地、可操作的执行方案。接下来，我们的思维又将经历降维和具象化的过程，这是因为本质解是对一件事的抽象构想，是要解决如何做的问题。从头脑中的构想到实际的行动，这个过程就是对本质解的降维和具象化，直到最后到达可执行的方案，如图 2–16 所示。

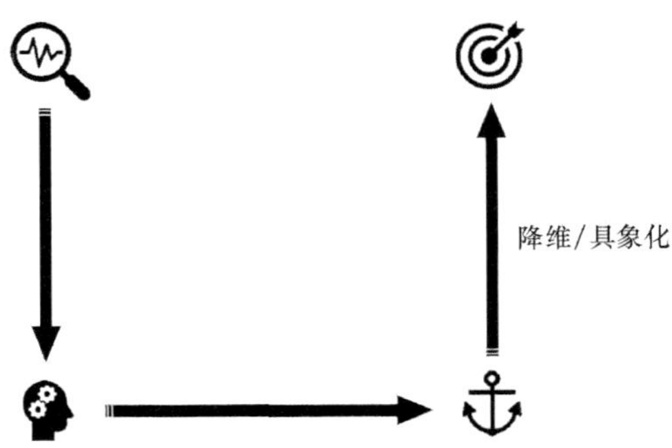

图 2–16　U 型思考的思维特点之三

总结一下 U 型思考的整体特点，如图 2–17 所示。

U 型思考的上方偏具体，下方偏抽象。

U 型思考的左侧偏客观，右侧偏主观。

从【问】到【挖】，是从具体到抽象；

从【挖】到【破】，是从客观到主观；

从【破】到【立】，是从抽象到具体。

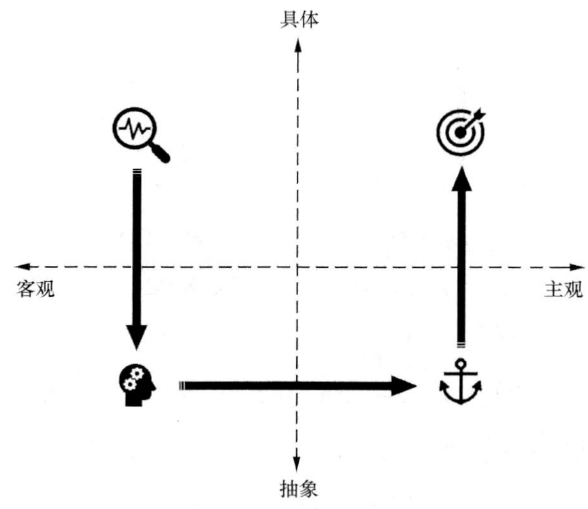

图 2-17 U 型思考的整体特点

第三个问题，U 型思考的适用场景是什么？

当你要为一个疑问找到解释，进而加以运用的时候，建议你运用 U 型思考。具体来说有三类典型场景。

第一类场景，为现象找原因的时候。

比如说，近几年直播电商特别火，越来越多的人通过直播卖货，那么直播为什么这么火呢？这就是透过现象找原因，这一类问题很适合运用 U 型思考。

再比如说，新冠肺炎疫情波及全球，那么新冠肺炎疫情为什么这么严重呢？如果你想透过现象找到原因，也适合运用 U 型思考。

第二类场景，为事物找规律的时候。

美团公司的创始人王兴有这样的习惯，当下属跟他汇报工作的时候，他通常都会问，这个业务的本质是什么？这就是给事物找规律。为事物找规律是一个很好的思维习惯。

第三类场景，为困境找出路的时候。

其实每个人这一辈子，无论在生活中还是在工作中，都会遇到很多困境。这个时候，你应该停下来想一想，我为什么最近总是不顺呢？如果对这件事情层层下挖，你就可以更深刻地认识自己，比如发现自己的一些能力短板，或者发现自己真正适合的领域，或者听到自己内心真实的声音。

如果你正处于困境之中，希望给自己找到出路，那么建议你运用 U 型思考，深刻地分析一下自己是怎样的一个人，自己的天赋在哪里，自己最有力量的地方是什么。你对自己的认识越深刻，就越能快速地走出困境。

U 型思考适用于喜欢深度思考、愿意探索未知的人，它能帮助他们为现象找到原因，为事物找到规律，为困境找到出路。

第 3 章

U 型思考之【问】：好问题胜过好答案

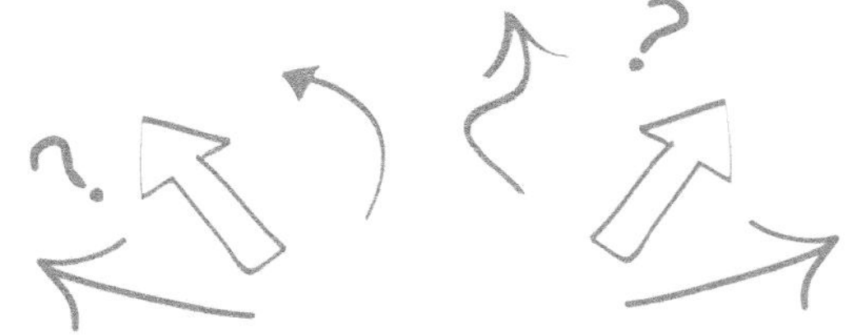

第 1 节　好问题的力量

第 2 节　如何提出好问题

第 3 节　What 提问法：好问题不离靶心

第 4 节　Why 提问法：入窄门升维思考

第 5 节　案例：高手的好问题

第 6 节　案例：伟大作品的秘密

> 问题开启思考，答案终止想象。
>
> ——沃伦·贝格尔（Warren Berger）《绝佳提问》

第1节　好问题的力量

U 型思考要由一个好问题开启。

好问题能够驱动我们去探索本质，孜孜不倦地去找到问题背后的真相；好问题能够汇聚一个人、一群人的能量，向一个定向的标靶射去；好问题还能够提升思维能力，因为在定义问题、思考问题、解决问题的过程中，思维能力可以不断得到锤炼，如图 3–1 所示。

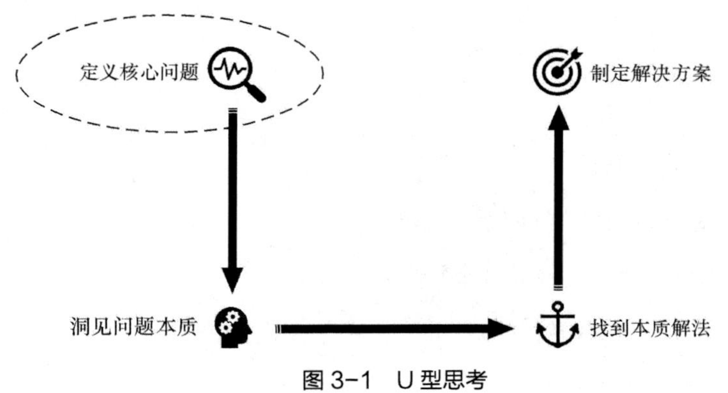

图 3–1　U 型思考

1. 好问题不断推动科学的发展

现代科学由很多学科构成，每个学科都有一些根本性的问题，这些问题奠定了一个学科的根基，我们称之为元问题。比如遗传学科的元问题是，一个人的寿命是由什么决定的？计算机视觉领域的元问题是，人类的视觉模型是什么？或者说，人类用视觉识别事物的基本原理是什么？材料工程学的元问题是，物体结构

和性能的关系到底是什么？行为经济学试图回答的元问题是，一个人做出决定的背后原理是什么？生物特征识别领域研究的核心问题是，两个人之间最简可检测的生物学区别是什么……每门学科、每个领域围绕元问题，会衍生出很多子问题，围绕这些问题的研究，驱动了科学的发展。

2. 好问题能带来商业的创新

20 世纪 40 年代，一位名叫珀西·斯潘塞（Percy Spencer）的工程师，负责雷达监控工作。他工作中经常站立的位置，就在雷达磁控管旁边。有一次上班时，他兜里带了几块糖，下班时他发现兜里的糖融化了。斯潘塞开始思考，兜里的糖为什么会融化？后来他的目光锁定了雷达磁控管。他猜想，雷达发射出的微波可能是导致糖果融化的原因。斯潘塞后来又带了一些别的食品继续测试，发现只要站在雷达磁控管旁边，每次都能把薯片之类的食物烤熟。今天，走入千家万户里的微波炉，最早就是由这样一个问题催生的。

1965 年，美国佛罗里达大学橄榄球队助理教练德怀恩·道格拉斯（Dwayne Douglas）发现一个现象，其实这个现象我们在生活中也经常可以看到，就是参加激烈比赛的运动员，在比赛中喝水很多，但在比赛结束后的小便很少。由此道格拉斯提出的问题是，为什么运动员在比赛后小便很少？当然这个问题不难解释，那就是在激烈的比赛过程中，运动员的体液随着大量出汗排出体外了。但由此引发了道格拉斯的另外一个问题，既然体液大量排出，那么运动员在比赛中的能量该如何补充呢？有没有一种高能量饮料能在比赛中给运动员快速补充能量？这个问题，催生了运动饮料。

还有一位名叫埃德温·赫伯特·兰德（Edwin Herbert Land）的企业家，他是宝丽来公司的创始人。宝丽来是最早批量生产照相机的企业。兰德的女儿有一次问他，为什么每次拍完照，我都要等很久才能拿到照片？这是一个非常好的问题。早期的照片需要在拍照后把胶片拿到暗室进行冲洗，所以总是要等一段时间才能拿到照片。而他的女儿希望每次拍完照，能尽早地看到照片。这个看似不经意的提问，触发了兰德的思考。兰德想，我能不能把暗室微缩到一个照相机里面呢？于是他产生了一个大胆的想法，设计一种拍照之后马上就能得到照片的相机，这个产品就是宝丽来公司后来推出的拍立得相机。

乔·格比亚（Joe Gebbia）是爱彼迎（Airbnb）的创始人，在他生活的城市，每年到旅游高峰的时候，大量游客涌入，他们很难订到酒店。格比亚居住的公寓里，恰好有一个多余的房间。格比亚开始思考，为什么游客只能住酒店？为什么游客不能临时租住城里的公寓？城里居民家中空置的房间和床铺，如果利用起来，是不是能够缓解旅游季的居住压力？格比亚想，我能不能做一个互联网平台，把居民家中多余的空间，让游客在线预订？这就是共享经济最早的雏形。格比亚用自己的公寓开始尝试，他能提供给游客的服务很有限，只是一间多余的房间、里面的气垫床和一份早餐。Airbnb 的得名也来自于此——Air Bed and Breakfast。

小威尔蒙特·里德·哈斯廷斯（Wilmot Reed Hastings）是 Netflix 公司的创始人。在早期的录像带时代，用户租录像带是有时间限制的，在限定时间内必须归还，如果用户没有按期归还的话，要缴滞纳金。哈斯廷斯有一次去还录像带的时候，由于时间超期，需要缴滞纳金。于是，他开始思考，这些录像带租赁公司，为什么一定要收滞纳金呢？同时，他还联想到，健身房收月费或年费，费用是固定的，期间不限次消费。那么，视频内容公司为什么不能仿照健身房的定价方式呢？正是这个问题，奠定了 Netflix 公司后来的商业模式。

在《无知如何驱动科学》这本书中，提出这样的观点："一个好问题能激发出不同层面的答案，鼓舞人们用几十年的时间搜寻解决方案，能衍生出全新的研究领域，还能让人根深蒂固的想法发生改变。"

德雷塞尔大学的心理学家约翰·库尼奥斯（John Kounios）说："大脑会寻找减少负荷的工作方法，尽可能接受我们身边所发生的事情，而不去质疑甚至忽视这些事情，这样的模式会帮我们节约能量。但是，如果要改变一些事情，就需要

挣脱常规，这就需要提问。”

如果你发现了一个好问题，你就能创造一款新产品，开创一个新事业，甚至开创一个新行业。在今天这样充满不确定性的时代，你知道什么并不重要，你会不会提问才更重要。问题，比答案更有价值，如图 3-2 所示。

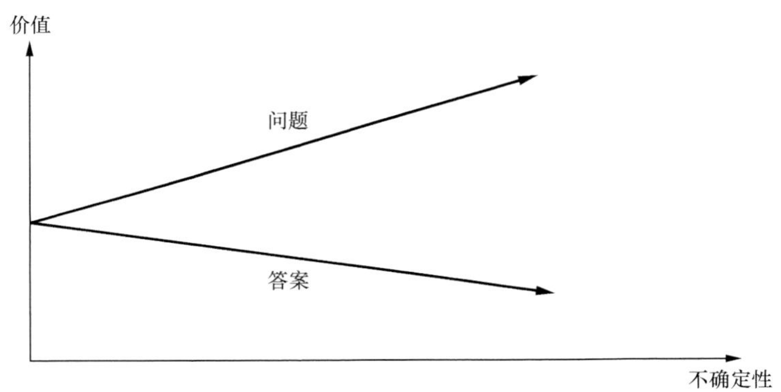

图 3-2　问题比答案更重要

好问题很重要，那么，什么是好问题？好问题的标准是什么？

学者凯文·凯利（Kevin Kelly）在他的著作《必然》中，提出了好问题的八个标准。

（1）一个好问题值得拥有 100 万种好答案。

当然，这是一种夸张的表达。但这个观点说明，好问题有多种的可能性。我们不要认为一个好问题只有唯一的标准答案，真正的好问题应该是开放的。

（2）一个好问题能开启一个学科。

每个学科都是由一个元问题奠定的，这个元问题展现了人类在这个学科领域的终极困惑。对这个终极困惑的提出与探索，促成了学科的诞生与成长。

（3）一个好问题不能被立即回答，但在日后的时间里可以一直被回答。

一个好问题刚刚被提出的时候，人们往往没有能力去回答。但在以后的时间里，它会驱使人们不断去思考。每一次的思考，未必能找到答案，但一定会带来更深刻的洞察。

（4）一个好问题与能否得到正确答案无关。

好问题本身就有价值、有意义，无论能否找到答案，好问题始终像北极星一样指引人们前进。

（5）当一个好问题出现时，你可能一听见就特别想回答。但在问题提出之前，你甚至并不知道自己对此很关心。

好问题会本能地激发一个人的兴趣，快速调动一个人的大脑开启思索。但是，在问题提出之前，人们甚至没有意识到这个问题，因为真正的好问题具有石破天惊的作用，会推动一个人进入"未知的未知"。

（6）一个好问题处于已知和未知的边缘，既不愚蠢也不显而易见。

一个好问题离已知近，意味着人们能够抓到它。一个好问题离未知也很近，意味着它可以吸引人们去更多地探索未知。

（7）一个好问题创造了新的思维领域，它是科学技术、艺术、商业等各领域中创新的种子。

效率与公平孰轻孰重？用户需求的本质是什么？人为什么会悲伤？人为什么会有乐趣？这些问题像一颗颗种子一样，在各个领域长成参天大树。

（8）一个好问题能生成许多其他的好问题。

好问题后劲无穷，像一个孵化器一样能够孵化出其他很多好问题，催生这个领域不断向前发展。

好问题很重要，但是，好问题也不会轻易到来。

怎样才能提出好问题呢？

（1）赤子态。

生物学领域有一个专业名词，叫"幼态持续"，是指成年的生物保持了它幼年间的一些特点。赤子态，通俗地讲就是人的幼态持续，是指一个人在成年阶段仍然保持了孩子般的好奇心。一个孩子，看到自己想一探究竟的东西，眼神中会闪烁出希冀之光。这种光芒，就是赤子态。一个人在成年阶段还能保持赤子态，

这是非常了不起的品质，也是非常宝贵的能力。

（2）自知无知。

要想提出好问题，人要谦卑，要有空杯心态。不见得你对这个领域真不懂，而是要把自己置于清零的状态，不受任何既有思维束缚。乔布斯把这样的状态称之为 Stay foolish，也就是把自己保持在无知的状态，才能提出天真的好问题。

（3）退一步。

要想提出好问题，要在思维上“退一步”，进入相对远离的状态，只有这样才能看清事物的全貌，才能提出本质性的好问题。想象一下，如果你把地图贴在自己的鼻尖，那你什么都看不清，只能看到一些模糊的线条和颜色。只有把地图拿得足够远，才能看到地图的全貌。远离画面，才能看清楚整个画面。

提不出好问题，往往是因为“不识庐山真面目，只缘身在此山中”，要提出好问题，只有“欲穷千里目，更上一层楼”。

提出好问题，是开启 U 型思考的唯一方式。

问题开启思考，答案终止想象。

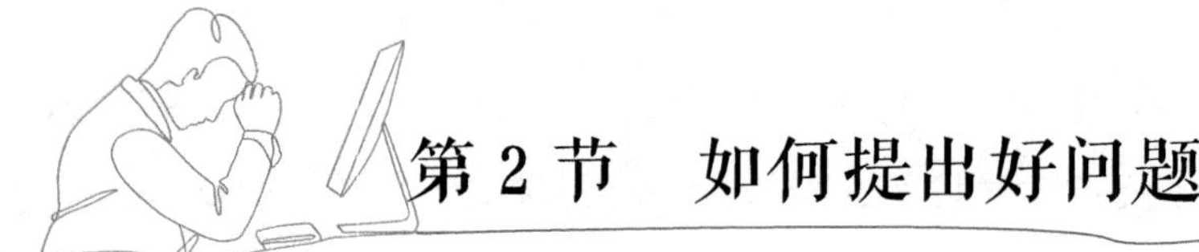

第 2 节　如何提出好问题

用 Why 或者 What 重新定义 How 的问题，是开启 U 型思考的关键。

回想一下，在我们所有提出的问题中，How 类型问题出现的频次最高。例如，这个事情怎么办？这项工作怎么做？这道题目怎么解……

在潜意识中，人们总是希望尽快解决问题。提出 How 类型的问题，找到“如何”解决问题的办法，是每个人的本能。与此同时，How 类型的问题本身，似乎也包含了一种催促感，催促你开启直线式思考，见招拆招，尽快解决，如图 3-3 所示。

图 3-3　How 类型问题开启直线式思考

但是，U 型思考不是向前思考，而是向下思考，先挖掘问题本质，再去解决问题。U 型思考的特点，决定了它不接受 How 类型的问题，How 类型的问题不允许进入 U 型思考，如图 3-4 所示。

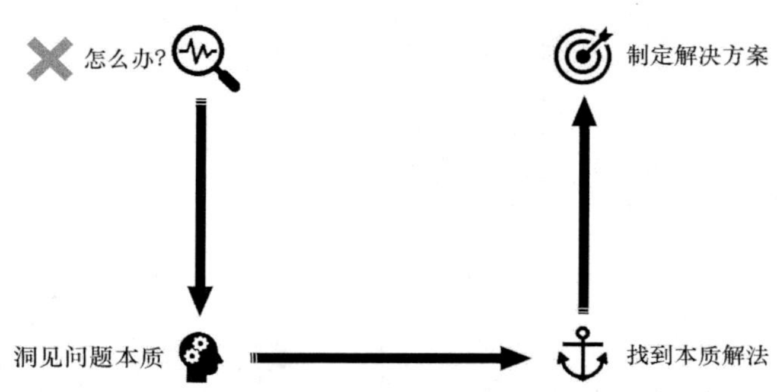

图 3-4　U 型思考不接受 How 类型问题

但由此，会产生矛盾。一方面，在一个人日常经常提出的问题中，How 类型的问题最多，比如怎么办？怎么处理？怎么解决？但另一方面，U 型思考又不接受 How 类型的问题进入。

解决这个矛盾的关键在于，对于初始的 How 类型问题进行转换，转换为 Why 或者 What 类型的问题，也就是把“怎么办”类型的问题，转变为“为什么”或“是什么”类型的问题，从而进入 U 型思考。

举例来说，初始的 How 类型的问题是，如何爬山？转化为 What 类型的问题是，爬山的主要障碍是什么？转化为 Why 类型的问题是，为什么很多人很不喜欢爬山？或为什么很多人爬山成了习惯？

为什么 U 型思考只接纳 Why 或者 What 类型的问题，而不接纳 How 类型的问题呢？这是由 Why、What、How 的根本性差异决定的，如表 3–1 所示。

表 3–1　三类发问方式对比

	直译	含义	价值	所处维度层次	彼此关系
Why	为什么	原因、目的、本质	发现问题	上层，上位，高维	是上一层的手段 是下一层的目的
What	是什么	内容、任务、载体	定义问题	居中	是上一层的手段 是下一层的目的
How	怎么做	手段、行为、计划	解决问题	下层、下位、低维	是上一层的手段 是下一层的目的

Why 就是“为什么”，当我们问为什么的时候，我们在问原因、问目的、问本质。Why 的价值在于帮助我们发现更深层次的问题。它所处的思考层次，属于上层思考、上位思考和高维思考，Why 比 What 和 How 等疑问词的思考层次更高、思考深度更深、思考维度更丰富。

What 就是“是什么”，当我们问是什么的时候，我们在问内容、问任务、问载体。What 的价值在于帮助我们定义问题。它所处的思考层次居中。

How 就是“怎么办”，当我们在问怎么办的时候，我们在问手段、问行为、问计划。How 的价值是帮助我们解决问题。它所处的思考层次，属于下层思考、

下位思考和低维思考，How 比 Why 和 What 等疑问词的思考层次更低、思考深度更浅、思考维度更简单。

疑问词之间是有层次之分的，上层疑问词是下层疑问词的目的，下层疑问词是上层疑问词的手段。简单说，当我们清楚了一个事情为什么（Why）之后，就想知道这个事情是什么（What），再之后就会思考怎么做（How）。所以，上一层是下一层的目的，Why 是 What 的目的，What 是 How 的目的；下一层是上一层的手段；How 是 What 的手段，What 是 Why 的手段。Why、What、How 这三个疑问词中，Why 是最高层次、最高维度，How 是最低层次、最低维度，What 则居中。

那么，从思维层次上来说，Why 上面是否还有一层？这就涉及 Why 的一个特点，Why 是疑问词中唯一可以向源头连续发问的，也就是可以不断地问 Why。你可以问出一个为什么，找到答案后，再问为什么，不断地问，一直地问为什么。因此，Why 也是有不同层次之分的，每个 Why 都有更高层次的 Why。同理，How 下面也有一层，当我们回答了一个怎么办之后，就得到的答案可以继续问 How，得到更细节的答案。

如果将 Why、What、How 三个疑问词按照层级划分，则 Why 居于最上层，What 居于中层，How 居于下层。选择的疑问词越向上，问题的维度就越丰富，层次就越高，越体现根本目的，越回溯思维源头；选择的疑问词越向下，问题的维度就越简单，层次就越低，越展现具体手段，越走向思维下游，如图 3-5 所示。

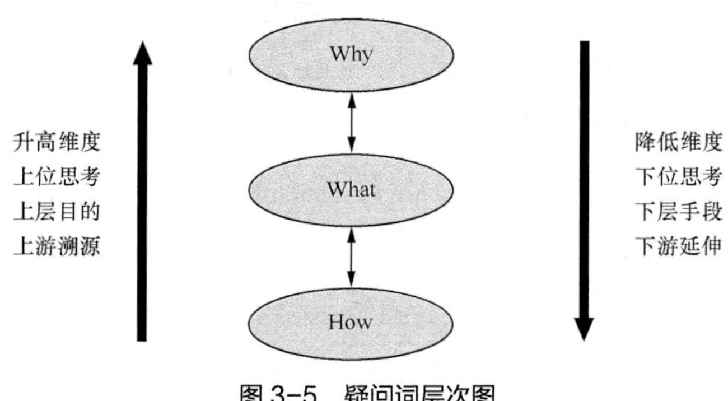

图 3-5　疑问词层次图

很多人都听说过 5W1H，包括 Why、What、Who、When、Where、How。那么，前面所讲的疑问词三个层次和 5W1H 是什么关系呢？

从思考层次上来看，5W1H 的六个词不在同一个层次上。Why 是高维思考，是所有疑问词中的最高层次；次之的是 What，居于中间层次；再次之的是其他的疑问词，处于最低层次，如图 3-6 所示。你可以这样理解，Who、When、Where 都是广义 How 的一部分。例如，我们如何去爬山呢？答案通常是这样的，明天早上八点，我们全班一起从学校出发，乘车到达山脚，然后开始爬山。这句话里面，包含了谁、什么时间、什么地点、做什么事情等信息。也就是说，Who、When、Where 与 How 都处于同一个思维层次。

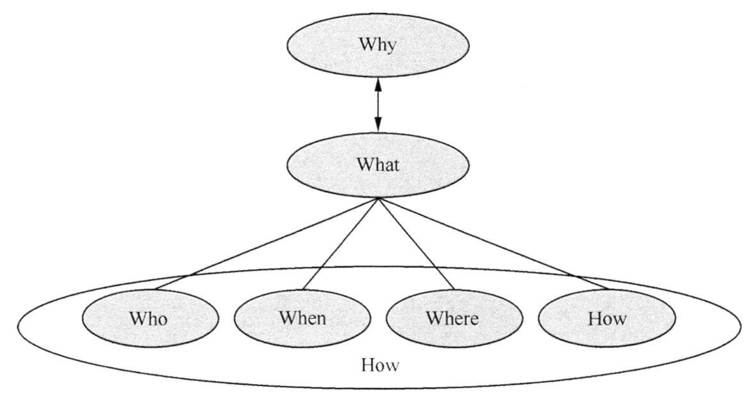

图 3-6　疑问词三个层次与 5W1H 的关系

要想用好 U 型思考，直达事物本质，就需要把初始的 How 类型问题，转换成 Why 或者 What 类型问题，也就是把初始问题转变为探寻本质的核心问题。这个转换，实现了问题的升维，进入了上位思考，这是开启 U 型思考的关键，如图 3-7 所示。

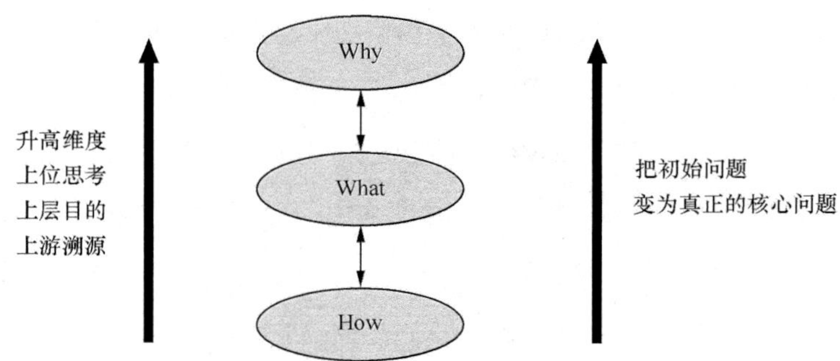

图 3-7　把 How 问题转换成 Why 或者 What 问题

举几个例子，例如，每个职场打工人可能都思考过这样的问题，我如何多赚钱呢？这是一个 How 类型的问题。将其转换成一个 What 类型的问题：收入的本质是什么？这个问题会引导你进行更深刻、更本质的思考。

每个人都希望创作出属于自己的杰作，比如写出好文章、打造好产品、策划好项目等。自然会问出这样的问题，如何创作出杰作？如果对这个 How 类型的问题进行升维思考，则可以找到更本质的问题，杰出作品的本质是什么？或者，杰作和平庸之作的区别是什么？这是 What 类型的本质问法，会帮助你开启本质思考。当你对这个问题有了深刻的规律认识，并以此指导自己的创作时，你就会有更明确的发力方向。这就是把问题转换，开启本质思考的价值。

每个人在工作中都遇到过这样的典型场景，你的领导布置给你一个任务，让你写一份报告。一般的 How 类型思考是，如何写这份报告？如果把这个问题转换为 What 类型的问题，则可以将其重新定义为，这份报告最重要的是什么？这个问题明显有助于你的思维聚焦靶心。如果思维层次再拔高一级，进一步转换为 Why 类型的问题，可以问，领导为什么这个时候要布置这个任务？当你问出这个问题的时候，你的思维层次已经跟你的领导在同一个层面上了。通过这样对问题进行转换，不仅有利于你把这项工作做好，而且有利于磨炼你的本质思考能力。

一个会思考的人和一个不会思考的人，区别就在这里。不会思考的人往往急匆匆，看似忙碌，实则低效；会思考的人，往往先花时间去重新定义问题，对问题本质进行思考，对问题重点进行思考，谋定而后动，想清楚再动手。

在商业领域，每家企业都希望推陈出新，但真正的创新源于真正有价值的问题。假如，你穿越回 1880 年的美国，询问那时的消费者最期待的交通工具是什么？相信你获得的回答是：一架更好的马车，更快、更华丽或更舒适的马车。因为，那个时代的消费者还没有见过汽车，只见过马车。如果你沿着消费者调研结果去创新，永远创造不出汽车。但是，如果把问题升维，从 What 类型问题升维到 Why 类型问题，思考一个本质问题，人为什么需要交通工具？思路就会打开。从史前到现在到未来，人乘坐交通工具，都是为了从 A 点快捷、舒适、安全地移动到 B 点，这是人类亘古不变的需求本质。无论坐马车、坐汽车，还是现在坐高铁、坐飞机，未来还有可能坐飞船、坐火箭，都是相同需求本质之下的不同表现形式而已。公元前 2000 年左右，黑海附近的草原部落已经制造出了带轮辐车轮的马车，从此开启了绵延几千年的马车时代。1885 年，卡尔·奔驰制造出世界上第一辆以汽油发动机为动力的三轮汽车，从此开启了汽车时代。2009 年，世界首辆飞行汽车“飞跃”试飞成功，它可以在 15 秒内从一辆有两个座位的公路汽车变身为一架飞机。以往科幻片中才能看到的场景，已经来到了人们身边。通过升维提问，把握需求本质，结合科技发展，才能真正做到推陈出新。

我们在任何一个领域的初始问题，通常都是 How 类型问题。如果沿着 How 类型问题思考，会把思维导向直线式思考。如果把 How 类型问题转换为 Why 或者 What 类型问题，对初始问题升维，就能开启 U 型思考，如图 3-8 所示。而 U 型思考先挖本质再做决定的思考方式，会带来更深刻的决策、更有效的举措和更理想的效果。

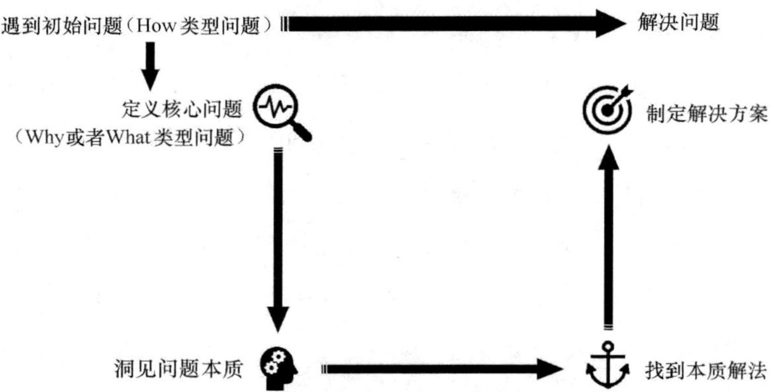

图 3-8　把 How 类型问题转换成 Why 或者 What 类型问题，开启 U 型思考

你定义问题的水平，决定了你解决问题的水平。

第 3 节　What 提问法：好问题不离靶心

U 型思考，先问后挖，关键在于通过提问来挖掘本质。只有 Why 或者 What 类型的问题，才能够进入 U 型思考。善用 What 来提问，是一项很基础也很重要的能力。

What 类型问题主要以“是什么”的形式发问，易于操作，通过发问直指问题本质。此外，What 提问非常灵活，可以形成丰富的“What+X”式的问题组合，例如“原因是什么？”“目的是什么？”“本质是什么？”“重点是什么？”……

What 类型问题有很多种提问方式，U 型思考建议你这样提问：

第一，向里面问，聚焦重点；

第二，向上游问，找到原因；

第三，向本质问，挖掘规律。

向里面问，强调的是面对一个系统发问的时候，要在系统的组成要素中，探索其中最重要、最关键、最核心的要素。向里面问，鼓励你在运用 What 提问的时候，要像射箭一样，直指靶心。其典型的发问方式是：“最重要、最关键、最核心的是什么？”

例如，一家企业在成长的过程中会面临很多挑战，那么最核心的挑战是什么？你刚刚入职一个新岗位，对你来说，各项工作千头万绪，那么其中最重要的是什么？一个企业从战略角度看，可做的事情非常多，那么其中必须打赢的一仗是什么？现在我们面临很多机会，那么最主要的机会是什么？推进一件事情会遭遇很多障碍，其中最主要的障碍是什么？

向上游问，强调根据一个事物的当前状态，去挖掘其背后的原因。向上游问，鼓励你在运用 What 提问的时候，像身处一条河流中一样，从下游逐渐走向上游，走向河流的源头。其典型的问句形式是："原因是什么？目的是什么？动机是什么？"

比如，我感觉做数据分析报告得心应手，比别人又快又好，那原因是什么呢？这就叫向上游问，这个问题可以挖掘出自己的优势能力。企业经营业绩不断下滑，原因是什么？这个问题，是企业复盘时的典型问题。今年企业的纪律突然变得严格，企业的目的是什么？也许企业要重塑企业文化，并且减少冗员。国家现在正在加大新型基础设施的投资力度，其中的原因是什么？探寻这个问题，可以更深刻地理解产业政策导向。

向本质问，即从事物表现出的现象出发，探索内在规律。向本质问，鼓励你在运用 What 提问的时候，透过表面的、浅层的现象，真正去探寻背后的、深层的本质。其典型的发问方式是："本质是什么？"

例如，你刚接手一个岗位的工作，应该思考，这个岗位工作的本质是什么？书店中有很多用户，有的在买书，有的在看书，有的在闲逛，那么用户到书店的本质需求是什么？很多用户到了书店不买书，但还经常去，他们的本质需求到底是什么呢？领导交给我一项新业务，希望我把新业务做起来，那么做好这项新业务的本质是什么呢？房地产行业曾经经历过高速增长，但这几年慢下来了，高速增长的本质是什么？慢下来的本质又是什么呢？我国的 GDP 从 2000 年的 10 万亿元，增长到 2020 年的 100 万亿元，20 年间翻了 10 倍，这背后的驱动力本质是什么？这些都是探索本质的好问题。

总结一下，向里面问，向上游问，向本质问，用好 What 类型提问，可以开启高质量的 U 型思考。

我们每个人都关注自己的成长，也渴望深度认识自己，明确自己的职业定位，

这就可以通过 What 来发问，开启对自己的 U 型思考。

例如，我写作文很好，每次写作都得心应手，那么可以问一下自己，我写作文写得好的原因是什么？或者，前段时间我工作干得特别好，取得了很好的业绩，领导经常表扬我，客户也很满意，原因是什么？类似于这样的问题能帮助你发现自己的优势能力。再比如，我前段时间业绩不太理想，一个订单都没签下来，或者前一个项目做得不理想，那么工作表现不理想的原因是什么？这样的问题有助于你看清自己的短板，进而针对性地改善，吃一堑长一智。

例如，你希望自己成为优秀的产品经理，这是职业生涯的一种目标状态，那么你可以问问自己，想成为优秀产品经理的目的是什么？通过这个问题，追问一下自己的初心或动机。还可以问，成为优秀产品经理的关键是什么？或者，一名优秀产品经理的本质是什么？这些都是好问题，有助于我们把握这个职业的实质。

还有一些很好的 What 类型问题。你可以问问自己。在你的字典里，成功的定义是什么？在你离开这个世界以后，别人会想起你的特质是什么？你渴望留给这个世界的痕迹是什么……这些问题能帮你意识到，对你最有价值的是什么。

每个企业都希望有清晰的战略，指导自身的发展，也可以通过 What 类型问题，开启 U 型思考，制定出高质量的战略。

企业的业务本质是什么？这个问题可以帮助你深刻理解“我是谁”。

企业沉淀下来的核心能力是什么？这个问题可以帮助你看到企业的优势在哪里。

企业当前面临的最大挑战是什么？每家企业都面临很多挑战，对其中最致命的问题，要有清晰的预判。

企业面临的最大的机遇红利是什么？对企业至关重要的新机会，一定要抓住。

企业的价值创造原理是什么？这个问题也是对企业商业模式的梳理和总结。

如果用一句话总结企业的战略思路，是什么？这是对企业战略路径的提纲挈领。

企业下一步要做的事情很多，其中必须打赢的仗是什么？这个问题可以帮助企业找到必赢之仗。

以上几个问题都很重要，任何一个企业，能把这些问题回答清楚，战略也就基本清晰了。

总结一下，如何用 What 提出好问题？向里面问，聚焦重点；向上游问，找到原因；向本质问，挖掘规律。运用之妙，存乎一心，多思考、多练习，就一定能提出好问题。

第 4 节　Why 提问法：入窄门升维思考

提出 Why 类型的问题，是 U 型思考最重要的开启方式。

Why 类型的提问有自身独有的特点。

（1）高维思考。

从 How 到 What 到 Why，在疑问词中，Why 是一个最高维的疑问词，如图 3-9 所示。Why 类型问题体现上位思考，表达上层目的，寻求上游溯源。把 How 类型问题或者 What 类型问题，转换成 Why 类型问题，是一个思考升维的过程。

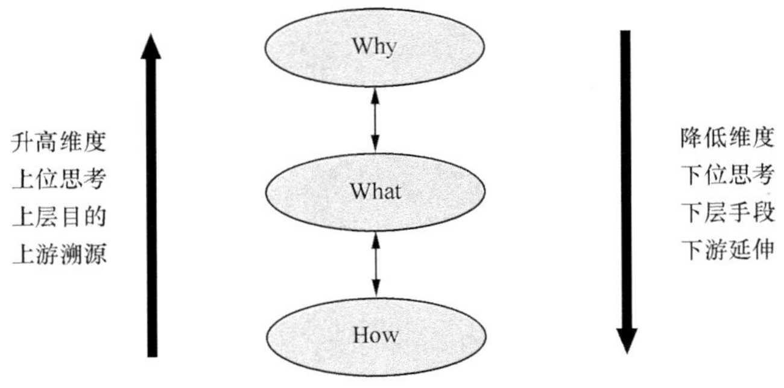

图 3-9　Why 是最高维的疑问词

（2）跨越时间。

一个人在当前时间点上，就一个现象问为什么，相当于向过去发问，在时间轴上将思维抛向过往，给这个现象找原因。同样，当一个人在当前这个时间点上，问为什么要做一件事情，其实就相当于向未来发问，在时间轴上将思维抛向未来，也就是明确做这件事情的目的。通过 Why 提问，一个人的思维可以跨越时间，如图 3–10 所示。

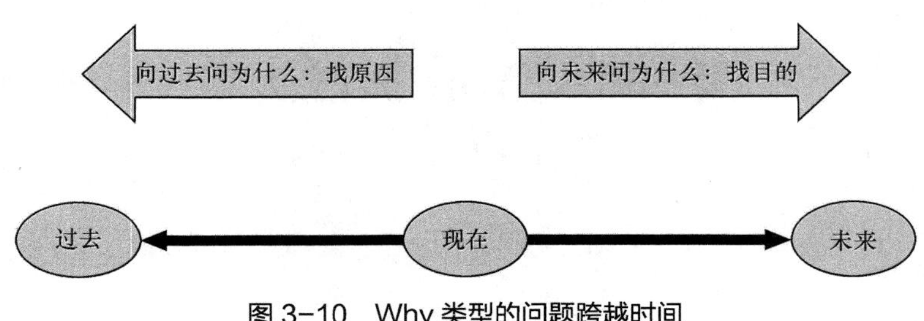

图 3–10　Why 类型的问题跨越时间

（3）连续追问。

问为什么，可以得到原因。就这个原因，可以继续问为什么。Why 类型的提问可以连续进行，每一次发问，都是进一步地上位思考、上游溯源、升高维度，如图 3–11 所示。

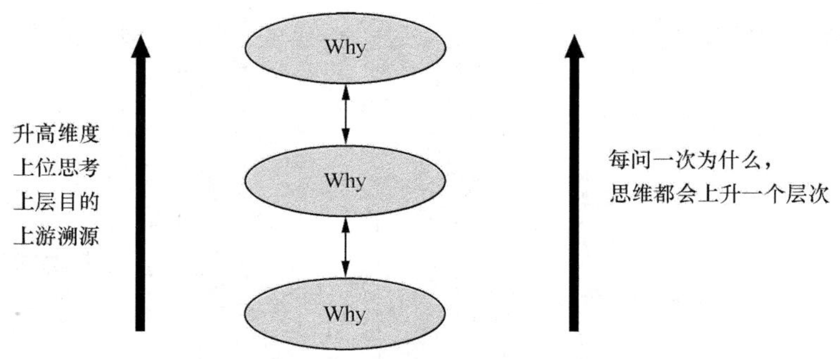

图 3–11　Why 是可以连续追问的疑问词

用 Why 提出好问题，最重要的一点在于，这个问题要把思维逼向“窄门”，使得思维除了经由“窄门”去挖掘本质，无可逃遁。所谓“窄门”，指的就是事物现象背后，最基础、最根本、最本质的原因。那么，如何通过 Why 提问，把思维逼向“窄门”呢？有五种主要的发问方式。

- 问事物的本质或原理；
- 问结果的主要成因；
- 问事物与相关事物的对比原因；
- 问令人惊异的、不常见的现象为什么；
- 问常见的、但人们很少思考原因的现象为什么。

（1）问事物的本质或原理。

例如，为什么地球围着太阳转？为什么运动让人感觉愉悦？为什么有的人格外长寿？

（2）问结果的主要成因。

例如，为什么中国的电子商务产业发展如此迅猛？为什么中餐、装修、咨询类企业都很难做大？为什么企业纷纷推进数字化转型？

（3）问事物与相关事物的对比原因。

例如，为什么烟、酒、乳制品行业集中度很高，而茶叶行业集中度很低？为什么企业在前三年增长很快，而最近两年出现负增长？为什么 Z 世代对于国潮消费的认可度，比前一代人更高？

（4）问令人惊异的、不常见的现象为什么。

例如，为什么 Zoom 的市值一度超越 IBM？为什么这家企业在 2020 年实现了 10 倍增长？为什么这部低成本投资电影如此火爆？

（5）问常见的但人们很少思考原因的现象为什么。

例如，天为什么是蓝的？苹果为什么往地上掉？人为什么会笑？

Why 类型提问的适用场景极广，无论个人成长，还是企业发展，抑或社会现象，都可以问为什么。

每个人可以用 Why 提出问题，对自己的职业生涯进行深度思考。

比如，你现在对工作没有激情。那你要问一问自己，我为什么对当前的工作没有激情？对这个问题的思考，能让你更深刻地理解自己。也许是这项工作不符合自己的特质，也许是自己还没有理解这项工作的价值，也许是还没有找到行之有效的工作方法。

比如，你特别渴望成为一名软件工程师。那你可以问问自己，我为什么渴望成为软件工程师？也许你喜欢通过代码构造自己心中的理想世界，也许你渴望做出自己的爆款作品，这个问题让你看到了自己内心真正的渴求。

比如，你过去一年很辛苦，一边上班，一边攻读新学位。那你可以问自己，我为什么要这么努力？你通过这样的问题深挖下去，也许可以看到一个非常坚强、非常坚韧的自己，这可能是真正的你。

每个企业都可以用Why提出好问题，制定高质量的决策。

比如，某一个行业，效率一直很低，客户体验不佳，从业者离职严重。可以提问，这个行业为什么效率这么低？通过对这个问题的分析，可以洞察到这个行业长期存在的症结。如果你的企业能消除这个症结，这就是一个了不起的战略创新。

比如，有研究机构认为某新兴行业未来会不断发展壮大，将出现百亿元规模企业。可以思考一下研究机构的分析逻辑，为什么这个行业未来会出现百亿元规模企业？通过这个问题，可以进一步深刻理解这个新兴行业的规模、潜力、集中度等，作为是否进入该行业的决策依据之一。

比如，企业高度关注的一个新业务一直表现不理想。在战略复盘中，可以问，这个业务为什么没有做起来？通过对这个问题的分析，可以找出企业创新不力的症结或短板，找到组织变革的突破口。

我们每天都会面对很多社会现象，也可以用Why提问，来磨炼自己的本质思考力。

比如，为什么要加大在医疗防疫基础设施方面的建设？为什么要推进卫生医疗制度的改革？为什么要进一步优化提升城市治理水平？这些都是非常好的问题，有助于我们加深对社会的认知，也有助于我们磨炼自己的本质思考力。

提出 Why 类型的问题，是开启 U 型思考最重要的方式。当一个人问“为什么”的时候，他正试图通过现象找本质，建立现象和本质之间的联系，理解现象与本质之间的规律。会问“为什么”，正是人类最宝贵的能力。

第 5 节　案例：高手的好问题

开启 U 型思考的关键在于提出好问题。本节我们通过一个与喜剧创作有关的案例，看看高手是如何提问的。

相信所有从事创作的人，都思考过这样的问题，我如何创造出好作品？

直线式思考的特点是直觉驱动、调用经验、见招拆招。如果采用直线式思考，创作往往会走向借鉴、模仿、跟随，但这样只能得到平庸之作，如图 3−12 所示。

图 3−12　运用直线式思考进行创作

那么，我们能否运用 U 型思考，来剖析一下创作的底层规律？如图 3−13 所示。

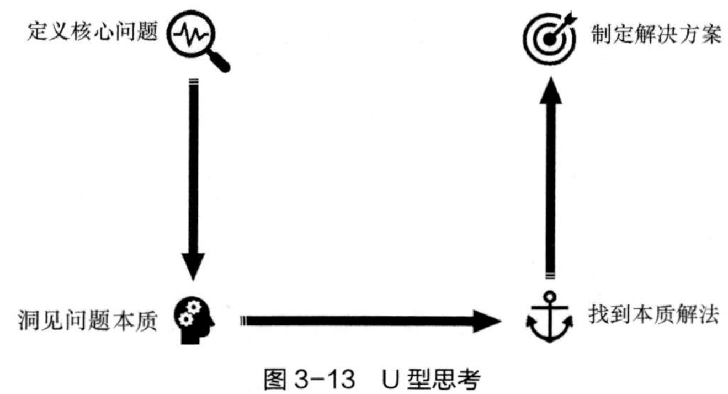

图 3−13　U 型思考

开启 U 型思考，首先要提出好问题，甚至要提出元问题。元问题是指每个学科、每个领域、每项工作中，那些最基础、最根本、最本质的问题。正是由于有了这个元问题，才推动了这个学科、这个领域、这项工作的发展。

在喜剧创作中，元问题是什么呢？

喜剧表演艺术家陈佩斯，对于喜剧创作，提出了这样的元问题：

在欣赏喜剧的时候，观众为什么会笑？

甚至，陈佩斯把这个问题转换为一个更大尺度的元问题：

人为什么会笑？

从原始人到古人，从近代人到现代人，人皆能笑。笑是人类最基本、最普遍的情感表达。那么笑的本质究竟是什么呢？人为什么会笑？这是一个很有难度的问题，也是一个根本性的元问题。

这个问题，符合好问题的标准：一个好问题处于已知和未知的边缘，既不愚蠢也不显而易见；一个好问题能开启一个学科；一个好问题不能被立即回答，但在日后的时间里可以一直被回答；一个好问题出现时，你一听见就特别想回答，但在问题提出之前不知道自己对此很关心；一个好问题创造了新的思维领域，它可以是科学技术、艺术、政治、商业领域中创新的种子。

“一个人为什么会笑？”这个问题，是一个具有代表性的元问题。元问题是一个领域最基础、最根本、最本质的问题，是一个领域的源头疑问或终极困惑。“一个人为什么会笑？”这个问题正是如此，它是喜剧领域最根本的问题。

这个问题，是一个高手才能提出来的问题。一方面，只有在一个领域耕耘已久的高手，其思考才能达到这样的深度，才能提出这样的好问题。另一方面，只有认知极深的高手，才能始终保持“赤子态”，提出“天真的问题”，去追溯事物的源头，探索“未知的未知”。

陈佩斯不仅提出了高质量的元问题，而且在自己的喜剧理论中，对这个问题进行了深入的研究。

（1）陈佩斯喜剧理论认为，笑起源于人类社交中的表达。

“人类从以血缘为纽带的小群体，慢慢发展，在发展的过程中，这种小群体开始难以应付现实中要面临的一些生存的困难。这样的困难要求人类走向合作，促使小群体走向融合，而在合作的过程当中，必定出现社交。社交群体有强有弱，弱势的一方若要和强势的一方合作，双方势必会将自己接受合作的心理或意图表达出来。这个表达，就是笑。人类不断地进化，在这个进化的过程当中，产生了和其他生物种族不一样的优势，其中就包括笑，笑是一种文明。”

（2）陈佩斯喜剧理论认为，笑的本质是人与人之间优越感的差势。

“笑声起源于人类开始进行大范围社交和合作的时候，弱势的一方会将优越感给予对方，以表达合作、服从的意图。而强势一方为了合作，必须将优越感表达出来，表示自己接受合作。这个表达，就是笑。笑是有条件才能产生的，就是一定要出现彼此之间的差势。当弱者向强者表示服从，弱者放弃优越感的时候，差势就产生了。人类的发笑就是起源于差势带来的优越感。在喜剧创作的过程当中，要创造出差势，创造出观众相对于舞台上演员的优越感，这就创造出了笑。差势的创造，贯彻喜剧的始终。”

（3）陈佩斯喜剧理论认为，喜剧中一定蕴藏着悲情内核。

“如果要让人发笑，就必须交出一定的优越感，让对方接收到足够的优越感。由于存在优越感的差势，双方的地位一定是不平等的，必然是要有一方受损、付出的，就是喜剧的悲情内核。一切喜剧都有悲情内核，笑是果，悲是因。喜剧创作过程中，要时时以悲情内核的标准来自我检验，要力图每一组舞台行动、每一个笑点都有成因，都有其悲情内核。”

回到U型思考，对于“人为什么会笑？”这个元问题，陈佩斯喜剧理论给出了问题的本质回答，笑源自于人与人之间优越感的差势，如图3-14所示。

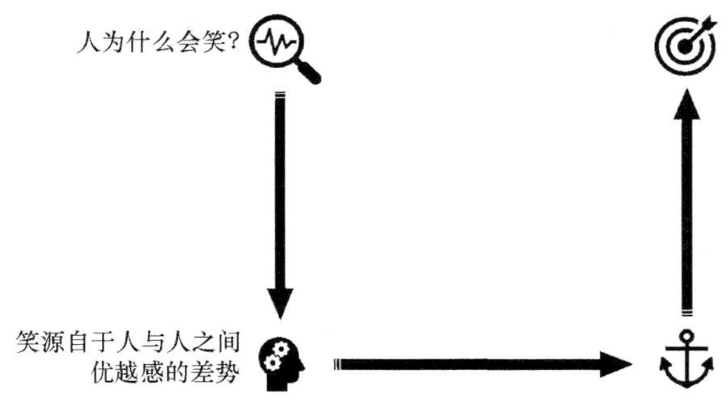

图 3-14　运用 U 型思考，分析笑的本质

有了对喜剧创作元问题的本质认知，笑源自于人与人之间优越感的差势，自然也就可以找到喜剧创作的本质解，那就是在喜剧创作中构建差势，如图 3-15 所示。无论是小品、相声、舞台剧，还是电影、电视剧，只要内核是喜剧，创作者就应该牢牢把握住这个本质解。

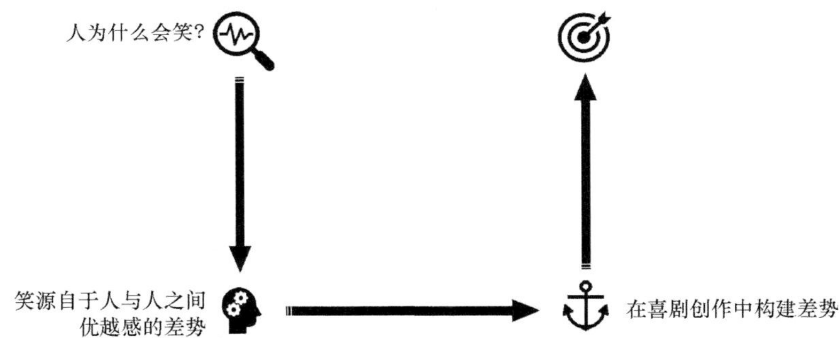

图 3-15　运用 U 型思考，找到本质解法

我们可以回顾几个耳熟能详的喜剧小品，看看其是否符合差势理论。

《吃面条》是陈佩斯、朱时茂编剧并主演的小品，在 1984 年央视春晚上播出。在这个小品中，陈佩斯扮演的角色陈小二，为了在剧组中谋到一份群众演员的工作，需要试戏吃面条。朱时茂扮演的角色是导演，在现场具有绝对的决策权。两个角色之间存在明显的地位差势。过程中发生了很多误会，陈小二只能按照导演的要求，一碗接一碗地吃面条，最后足足吃了一桶面条。这是一个运用差势理论的经典作品，即便时隔几十年回看，仍然能感受到经典的魅力。

《主角与配角》是陈佩斯、朱时茂在 1990 年春晚上表演的作品。陈佩斯表演的角色是剧组配角，拼命要给自己多争取戏份。但是，配角与主角的地位差势，再加上陈佩斯相对于朱时茂的形象差势，使其无论如何费尽心机，也难以成为主角。整个小品笑料迭出，一次次引发观众哄堂大笑，这同样是一个经典的喜剧作品。

《姐夫与小舅子》是陈佩斯、朱时茂在 1992 年春晚上表演的作品。这部作品体现了更加复杂的差势关系，一方面，陈佩斯扮演一个违法播放录像的商贩，朱时茂扮演查办此事的警察，两者存在明显的地位差势；另一方面，陈佩斯的角色，又是朱时茂警察角色女友的弟弟，两者之间又存在另外一重差势。在故事推进过程中，差势不断来回反转，加上演员精湛的演技，制造出大量笑料。

回顾一下整个 U 型思考过程。首先，陈佩斯提炼出一个特别棒的元问题：人为什么会笑？从这个问题出发，陈佩斯喜剧理论给出一个深刻的洞见：笑源自于人与人之间优越感的差势。接下来，创作者需要把握的喜剧创作本质解就是：构建差势。最终，把这种差势体现在剧本的各个方面，包括角色上、关系上、对话上和情节上，如图 3–16 所示。

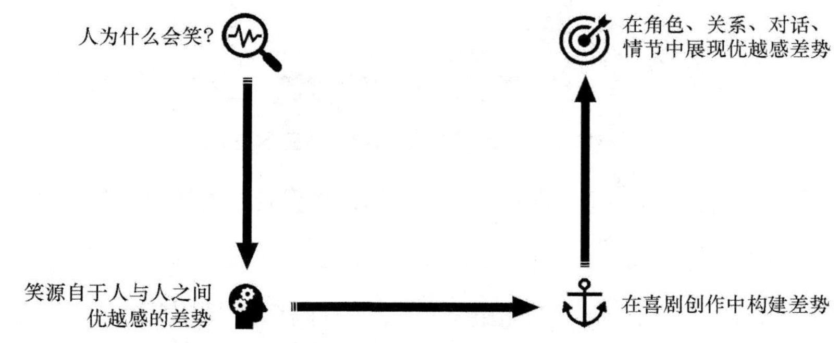

图 3–16　运用 U 型思考，创作杰出作品

像陈佩斯这样的高手，提出好问题，挖掘问题本质，基于本质创作，这是他们工作中惯常的思考方式。各个领域的高手都是如此，高手都是本质思考者。

相信通过这个案例，我们都获得了一些深层次的启迪。

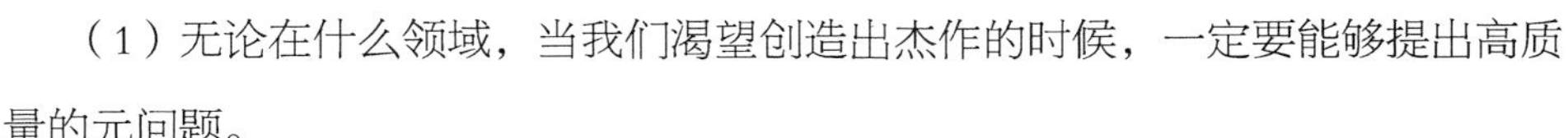

（1）无论在什么领域，当我们渴望创造出杰作的时候，一定要能够提出高质量的元问题。

（2）随着时代变迁，人的需求不断变化。但是，人类需求的本质，往往千年不变。创作中的关键，就是找到人类需求亘古不变的本质。

（3）无论做什么工作，要想创作出杰作，一定要深度理解这项工作背后的规律，并且反复运用规律。这样才能成为真正的高手。

第 6 节　案例：伟大作品的秘密

总有一些伟大的文学作品，滋养着人类的精神世界，从《诗经》到《荷马史诗》，从《哈姆雷特》到《堂吉诃德》，从《战争与和平》到《老人与海》，从《全唐诗》到四大古典文学名著……

假如我们也是文学创作者，无论是小说、诗歌或戏剧，我们也渴望打造出自己的伟大作品。那么，如何才能做到呢？

如果秉承直线式思考的话，很难打造出伟大的文学作品。因为沿着直线式思考，只能看到伟大作品的一些表层因素，如优美的文笔、起伏的情节、饱满的人物、极具张力的冲突、叩击人心的情感等，这些似乎都是伟大作品应该具备的要素，但又似乎不是伟大作品最重要的元素。沿着直线式思考，很容易“只见树木，不见森林”，陷入亦步亦趋的跟随模仿。这样做可以创作出佳作，但很难创作出伟大的作品，如图 3-17 所示。

如何打造伟大作品？ ➡ 亦步亦趋，跟随模仿

图 3-17　运用直线式思考进行创作

如果运用 U 型思考，来探寻伟大作品的奥秘，则首先要做的是“停下来，重新问”。把一个 How 类型的问题转化为 Why 或者 What 类型的问题，是开启 U 型思考的关键，如图 3-18 所示。

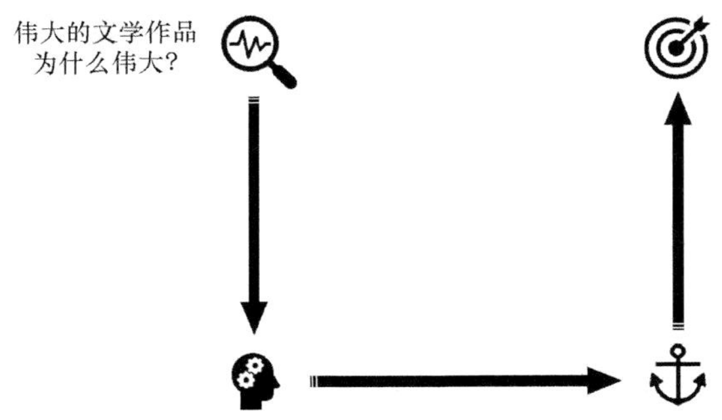

图 3-18　运用 U 型思考，定义核心问题

如何创作出伟大的文学作品？这是一个 How 类型的问题，我们把它转化为一个 Why 或者 What 类型的问题，那么就提炼出一个很本质的问题，伟大的文学作品为什么伟大？或者说，伟大的作品与平庸的作品的本质区别是什么？

人类历史上有很多伟大的文学作品，比如莎士比亚的《哈姆雷特》，海明威的《老人与海》，安徒生的《海的女儿》，还有中国的四大古典文学名著等。这么多不同的文学作品都很伟大，是什么决定了这些作品成为“伟大”的文学作品呢？这个问题，是文学创作领域的元问题，同时也是一个极为艰深的问题。我们用 U 型思考深入地挖掘一下。

伟大的文学作品很多，我们先挂一漏万地分析几个样本，看一下伟大的作品到底伟大在什么地方。

以海明威的名著《老人与海》为例，一位风烛残年的老渔夫以捕鱼为生，连续 84 天没有打到鱼。第 85 天，他遇到了一条硕大无比的鱼，这条鱼把渔船拖向了深海。老人和大鱼整整搏斗了两天，终于杀死大鱼，把它拴在船边。但是，鲨鱼马上围了上来，老人要保护自己的劳动果实，用一根折断的舵柄作为武器，与鲨鱼展开搏斗，伤痕累累，历经磨难。最后，老人回到了港口，他捕获的鱼只剩下一堆骸骨。海明威凭借这部作品，获得了 1953 年的普利策奖和 1954 年的诺贝尔文学奖。在《老人与海》故事里面，潜藏了一个问题，你认为，这个老人是成功的，还是失败的？这个问题，海明威的作品中没有答案，只取决于读者怎么评价他。老人打鱼的过程像极了很多人的人生，可能一生拼搏而一无所获。如果你的一生就是这样的，你会认为自己是成功的，还是失败的?

在塞万提斯的名著《堂吉诃德》中，塑造了一个经典的人物形象堂吉诃德，他永远按照自己的构想去理解世界。例如，他认为在他对面旋转的不是风车，而是一个巨人，所以骑着马拿着长矛冲向风车。很多读者对堂吉诃德最深刻的印象，就是这个场景，认为堂吉诃德很可笑，甚至有点愚蠢。但这个意象值得深思，每个人在自己的人生中，可能都会有那样一个时刻，力排众议，一意孤行，向自己认定的目标发起冲击。由此引发的思考是，堂吉诃德到底是愚蠢的还是勇敢的?作者塞万提斯没有给出答案，究竟如何，由读者自行判断。同样，对于你来说，当你力排众议的时候，当你在不信任的眼光中，当你在背后指指点点的嘲讽中，向自己的目标发起冲击的那一刻，你觉得自己是愚蠢的，还是勇敢的?

再回顾一部我们熟悉的童话作品，安徒生的《海的女儿》。美人鱼爱上了王子，她找到了海底的巫婆，请巫婆把她的鱼尾变成人腿，美人鱼想要彻底变成一个人。巫婆说，可以，但是你要答应我三个条件。第一个条件，割掉舌头，以后不能再说话；第二个条件，你的鱼尾变成人腿之后，每走一步都像踩在刀尖上面一样疼；第三个条件，如果王子有一天不爱你了，你将幻化成海上的泡沫而死去。这是一个两难的选择，选择的一边是爱情，另一边是生命。你到底是选择爱情，还是选择生命？美人鱼毫不犹豫地选择了前者。后面的故事是，美人鱼把鱼尾变成了人腿，接近了王子。但是，最后王子决定迎娶的不是美人鱼而是另外一个公主。在婚礼前夜的宫廷舞会上，美人鱼不停地跳舞，但却感觉不到一丝脚上的疼痛。到了这个时候，美人鱼仍然有选择，她的海族亲友来到海面上劝说她杀死王子，如果杀死王子，她就可以摆脱巫婆的魔咒，不必赴死了。这又是一次两难选择，美人鱼是要自己活还是让王子活？美人鱼选择让王子活。第二天早上，美人鱼幻化成海上的泡沫逝去。这个故事，其实是一个彻头彻尾的悲剧故事，但不知道为什么，你作为读者，读到最后一刻并没有觉得那样悲哀，反而在悲哀之中蕴藏着一

丝美好，这就是伟大文学作品的力量。爱情和生命，孰轻孰重？

看完了三个案例，我们再看看文学理论对这个问题的分析。学者余秋雨曾经创作过一部文学理论作品——《伟大作品的隐秘结构》，在这部书中，余秋雨提出了一个高质量的元问题，伟大的文学作品为什么伟大？

在《伟大作品的隐秘结构》一书中，对这个问题是这样回答的："只要能称得上伟大，在这些作品的内部一定隐藏着一个两难的主题。伟大作品一定透过故事或者艺术的表面，提出一个人生或者人性中隐藏的重大问题，这个问题之所以重大，正是因为它没有答案。""伟大作品的一个重大秘诀，在于它的不封闭。不封闭于某段历史、某些典型，而是直通一切人，也不封闭于各种'伪解决状态'，而是让巨大的两难直通今天和未来。"

前面几部作品都是伟大的文学作品，都提出了涉及人性两难的主题，而且没有答案。是成功还是失败，是愚蠢还是勇敢，是要爱情还是要生命，伟大的文学作品不解决这些问题，而是把两难留给读者，拷问读者，让巨大的两难直通今天和未来，直通每个人的内心。

伟大的文学作品不封闭，不封闭于某段历史、某些典型，而是直通一切人。无论古今中外、男女老少、贫富贵贱，都被这些伟大作品的底层况味所连接着，这种况味可能是伟大文学作品中的故事，也可能是它表达出的道理或呈现出的情感。

伟大的作品不封闭于"伪解决"状态。伟大的作品对于人性的两难冲突不解决，而是将如何看待、要不要解决、如何解决的问题，留给了一代又一代的读者。读者正是在踌躇感叹中，对自己的人生有了更深一层的认识。而这一点，正是伟大文学作品才具有的味道。

沿着 U 型思考，回答前面的问题，伟大的文学作品什么伟大？我们引用《伟大作品的隐秘结构》中的文学理论分析，得到该问题的答案是，伟大文学作品的伟大，来自于无结论的两难结构，如图 3-19 所示。也就是说，伟大的文学作品一定隐藏着一个巨大的两难结构，指向了人性深处。这是伟大与平庸的本质分界线。

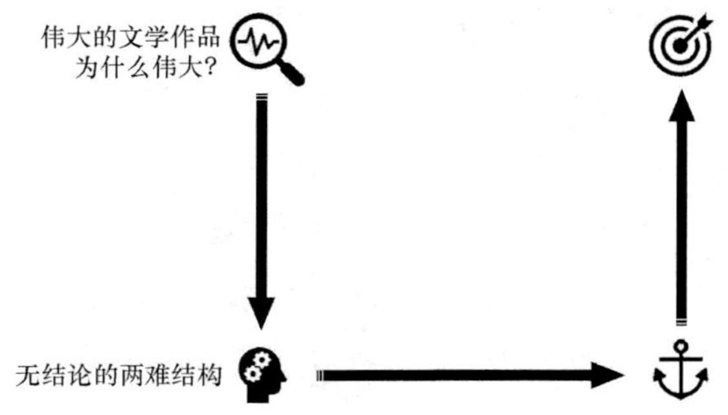

图 3-19　运用 U 型思考，洞见问题本质

理解规律是为了更好地运用规律。如果你是一名文学创作者，现在已经洞察到，无结论的两难结构是伟大文学作品的本质。那么在你的创作中，就可以有意识地构建开放式结构和两难主题了，把这一点作为创作中的本质解，如图 3-20 所示。我们再审视几部伟大的文学作品，看看它们是否遵循了这样的本质解。

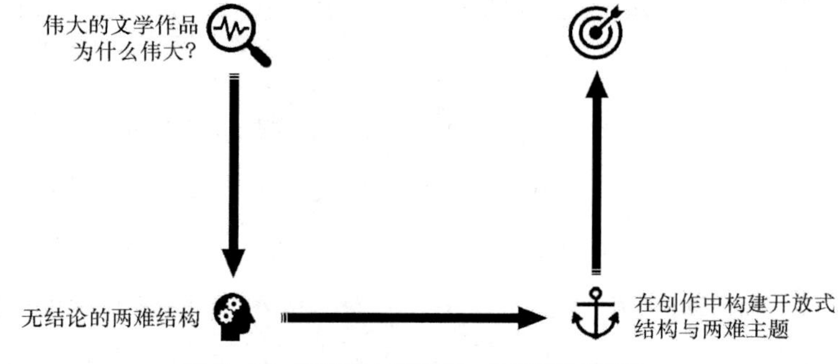

图 3-20　运用 U 型思考，找到本质解法

金庸和他的作品，我们都非常熟悉。可以回想一下，《天龙八部》中，大侠乔峰的自杀就是因为巨大的两难，他究竟属于契丹人还是汉人？《笑傲江湖》中，是要自由快乐还是要地位权力？是要亲情爱情还是要绝顶武功？《射雕英雄传》中，是要自己潇洒快意，还是要承担庇护苍生的沉重责任？金庸笔下的主要人物，几乎每个人都活在巨大的两难拷问之中。这样的两难主题与开放结构，成了金庸作品浓厚的底色。

再看一下四大古典文学名著，其中同样有很多开放式的两难结构。品评一下《水浒传》中的宋江，到底应该带领梁山群雄继续盘踞山林，还是应该归顺朝廷？品评一下《三国演义》中的诸葛亮。历史上对诸葛亮的评价有一句名言，叫“知其不可为而为之”。诸葛亮已经知道蜀国国势衰弱，但是他为什么不停地北伐？也许，在最初的《隆中对》里，就藏着诸葛亮的承诺和坚持。诸葛亮到底应该坚守西南，保存元气，还是应该六出祁山，实现理想？品评一下《西游记》中的孙悟空。我们每个读者最喜欢孙悟空什么？可能是他的无拘无束、上天入地、自由奔放。但他从五行山被解救出来之后，开始有了使命感。此后的孙悟空更像一个成年人，有使命、有责任感、有道义感地去求取真经，就像成年人背负上生活的重担之后那样步履蹒跚。在取经的路上，孙悟空是更喜欢步步向西的自己，还是更怀念那个无拘无束的自己？在一个无答案的开放式结构中，藏着通达古今的巨大两难，这才是四大古典文学名著堪称伟大的秘密。

回顾一下整个 U 型思考。我们提出了一个元问题，伟大作品为什么伟大？《伟大作品的隐秘结构》给出了答案，那就是伟大作品都藏着一个无结论的两难结构。一些伟大的文学家深刻地理解了这一点，在创作中运用这样的规律，构建开放式的结构和两难的主题。最终通过结构、内容、人物、节奏、语言等，来构建和丰富这样的两难结构，创作出一部部伟大的文学作品，丰富了人类的精神殿堂，如图 3-21 所示。

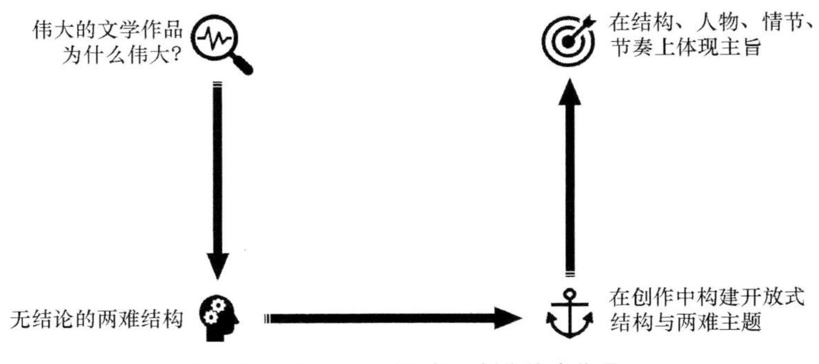

图 3-21　运用 U 型思考，创作伟大作品

通过本节，我们能够学到什么？

（1）现象背后必有原因。任何现象背后，必有其原因。如果我们找不到这个原因，那是功力还不到，但它必有其原因。

（2）每个领域的伟大作品都有其规律。本书的案例主要集中在文学领域，事实上，所有领域的伟大作品，包括艺术、人文、科技、商业等，都有其背后的创作规律。

（3）在每个领域里，只有找到了规律的人，才能创作出伟大的作品。

高手都是本质思考者。

第4章 U型思考之【挖】：洞见真本质

> 以目而视，得形之粗者也；以智而视，得形之微者也。
>
> ——唐代文学家、哲学家 刘禹锡

第1节　本质思考

U 型思考，问挖破立。这里的“挖”，要对前一个环节中的“问”给出回答。这个回答的过程，就是本质思考的过程，如图 4–1 所示。

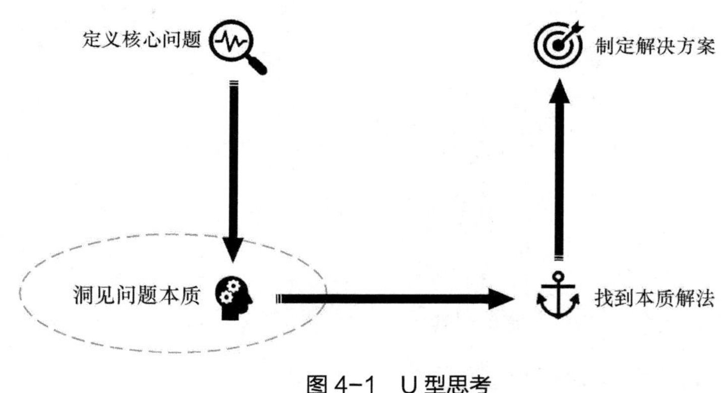

图 4–1　U 型思考

既然是本质思考，那什么是“本质”？或者说，当我们在说“本质”的时候，究竟在说什么？

古希腊哲学家亚里士多德提出了四因说，对于“本质”给出了四个角度的解释。

目的因：从事物存在目的的角度解释本质。如“椅子”的目的因本质是用来坐的物品。

动力因：从事物所依赖的动力的角度解释本质，如“重力”的动力因本质是“万有引力”。

形式因：从形态、样式、结构的角度解释本质，如“圆形”的形式因本质是平面上到某一点等距离的所有点的集合。

质料因：从构成要素的角度解释本质，如“水”本质上是“H_2O”这种分子的集合。

按照亚里士多德的四因说，当我们在挖掘本质的时候，运用四因说所提供的四个角度，可以得到对事物的本质认识。

另外一种理解事物本质的思想是，可以认为当我们试图描述某种事物的本质的时候，是在提炼一种特征，这种特征有如下属性：

第一，这种特征是该事物的根本属性；

第二，这种特征可以使该事物与其他事物区分开来；

第三，这种特征异化或取消，会使得这种事物失去意义。

按照这样的定义，我们分析某事物本质时，最重要的是把该事物的根本性特征提炼出来，根本性特征就是事物的本质。

当我们在商业领域，分析某个商业现象的本质的时候，该本质通常要满足以下标准：

第一，作为对于该现象的解释，优于其他的解释；

第二，作为该现象的根本性特征或最主要的根因；

第三，与某种经过验证的理论契合。

这段话隐含的观点是，现实世界是非常复杂的，某个商业现象的解释很有可能不止一种。就商业现象挖掘本质的时候，有可能得到多种解释，其中最优的解释，被认为是本质。

“本质”是 U 型思考最重要的关键词。U 型思考的整个方法体系，都围绕着“本质”进行。在 U 型思考中，我们所说的“本质”是什么？

U 型思考方法中，通过先问后挖，得到的问题本质是指：主要症结、主要矛盾或主要规律。

主要症结指的是阻碍事物发展的根本性原因，通俗讲就是“病根儿”。比如，一个学生非常勤奋，但学习成绩却不理想，为什么？问题本质是，该学生缺少及时归纳总结、举一反三的思维方法。再比如，为什么某工厂生产效率一直远低于行业平均水平？问题本质是，该工厂一直沿用传统的手工作业方式。

主要矛盾指的是决定事物发展的根本性力量，是来自于相关要素之间的相互作用。比如，某企业开发一项新业务，外部市场状况良好，自身也有一定的优势，但该业务的发展却并没有达到预期，这是为什么？新业务发展未达预期的问题本质是，雄心勃勃的业务战略与基础薄弱的内部能力之间的矛盾。

主要规律指的是决定事物发展的主要客观规律。比如，商品价格的决定机制是什么？问题本质是，供需关系决定价格。再比如，化妆品、生鲜、健身等行业为什么发展迅猛？问题本质是，消费升级时代，消费者对于美和健康的需求尚未被很好地满足。

U 型思考挖本质，具体通过什么方法？

先整体回顾一下 U 型思考。U 型思考不鼓励停留在现象层面的直线式思考，而是把初始问题转化成核心问题，层层向下挖，直到发现问题的本质。之后再基于对问题本质的认识，构建本质解，从而基于本质解，再去解决问题。整个过程，可简单表达为【问】【挖】【破】【立】。

在【问】这个部分，最重要的是把 How 类型的问题转变成 What 或者 Why 类型的问题，直指核心，寻根溯源，将其从一个一般性问题变为一个挖掘本质的核心问题。

在【挖】这个部分，也就是洞见问题本质的部分，一共有四种方法，如表 4-1 所示。

表 4-1　四种挖掘本质的方法

追问法	框架法	类推法	假设法
始于问题，连续追问，寻根溯源，直达根因	整体分析，搭建框架，逐块推进，聚焦重点	透视问题，寻找同构，抓取本质，迁移借用	以终为始，抛出假设，结构分解，逐步验证

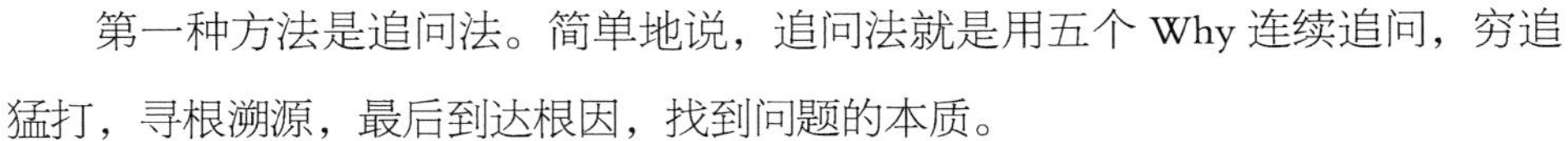

第一种方法是追问法。简单地说，追问法就是用五个 Why 连续追问，穷追猛打，寻根溯源，最后到达根因，找到问题的本质。

第二种方法是框架法。即对于问题，建立一个整体的分析框架，条分缕析，整体把握，最后找到问题的本质。

第三种方法是类推法。即在回答一个问题遇阻的时候，先暂时从这个问题中跳出来，找到与这个问题结构类似的同构性问题，找到同构问题的答案之后，再迁移回原问题。这是一种以类比的思维逻辑来推导本质的思考方式。

第四种方法是假设法。当我们要回答一个问题，寻找这个问题答案的时候，可以先抛出一个未经证实的答案作为假设，再对这个假设开展研究分析，进行证明或证伪，最终得到问题的本质。

U 型思考运用追问法、框架法、类推法或假设法，最终得到问题的本质，也就是问题的主要症结、主要矛盾或主要规律。

在 U 型思考挖本质的过程中，有哪些需要特别注意的地方？

符合逻辑，指的是从问题出发，无论用追问法、框架法、类比法还是假设法，都要有逻辑地进行推导分析。

简洁表达，指的是最终得到的问题答案，也就是对主要症结、主要矛盾、主要规律的表达应该很简洁。简洁的未必深刻，但深刻的一定简洁。所有本质的东西，应该在表达上是简洁的。换句话说，如果对本质的表达不简洁，那很可能是没有到达本质。

与时俱进，人对事物本质的认识，必然遵循由浅入深、逐步深化的过程。20 岁的你、30 岁的你、40 岁的你，对于同样一个问题，能挖掘出的本质是不断加深的。因此，一方面，我们要尽可能挖到足够深刻的结论；另一方面，也要提醒自己，当下的自己已经尽力了，也许未来还能发现更深刻的本质。

本质思考永远不可能一蹴而就，本质思考能力需要不断磨炼。

本质思考能力是一个人最重要的通用性能力。无论在一个人成长的哪个阶段，

也无论是在学习、生活还是工作中，需要把握住问题的本质，基于本质做决策，谋定而后动，提高自己的胜率。

本质思考能力是区分会学习和不会学习的人的关键。通常不会学习的人也很勤奋，但是由于缺少本质思考能力，眼里只是看到了一道道的题目，无法把握住题目背后的规律，往往事倍功半。而会学习的人，通常有很强的本质思考能力，举一反三的总结提炼能力很强，他们会透过题目看到题目后面的规律。因此，会学习的人学习效率高，学习效果好，往往事半功倍。

本质思考能力是区分会做事和不会做事的人的关键。对于职场人来说，不会做事的人往往就事论事，不善于总结规律。每个任务对不会做事的人来说，都是一个新任务，每次都要从头去摸索，做事章法乱、效率低，效果差。但是会做事的人积累的不仅是经验，还包括套路，也就是工作背后的规律和方法。会做事的人善于抓住本质，运用套路，让自己做事的效率高、效果好。

本质思考能力是区分会领导和不会领导的人的关键。通常会领导的人，往往具有很好的本质思考能力，能够深刻理解企业的战略本质，能够看到业务发展的规律趋势，能够看到团队的优势能力和短板症结，能够在工作中抓住枢纽环节，能够带领团队不断取得成就，这样的领导者让人信服，让人愿意追随。

本质思考能力对于每个人都很重要，但是为什么人和人之间的本质思考能力差别巨大？为什么大部分人并不具备良好的本质思考能力？是什么限制了人们的本质思考能力？

很多人都患有“经验依赖症”，也就是做事情完全从经验出发，而不是从逻辑和理性出发。“经验依赖症”的主要表现是，有经验可用的时候完全依赖经验，无经验可用的时候无从下手，对事物的认知完全是经验驱动的。这种依赖经验的思维习惯，是一个人本质思考能力的最大障碍。

还有很多人患有“完备信息依赖症”。很多人在分析事情的时候，一定要搜集足够多的信息才敢开始，把对事物的理解建立在信息掌握数量上。这样的做法，往往会迷失在信息的海洋里，反而限制了一个人透过现象看到本质的能力。

还有“碎片化知识依赖症”对于人们的妨害。智能手机时代，很多人自觉或不自觉地接受互联网信息“投喂”，可能是一篇爽文，可能是一行金句，可能是一个似是而非的大道理，就会让人误以为自己找到了本质。但事实上，这样的碎片化阅读，不但不能帮助人们构建系统的知识体系，反而伤害了很多人的深度阅读能力和本质思考能力。

如果你相信本质思考很重要，那么从现在开始，磨炼自己的本质思考能力，找到你渴望探寻的本质。

第 2 节　追问法：连续发问追到底

追问法是挖掘本质的基础方法。追问法又名 5Why 法，就是通过连续追问“为什么”，不停地追问下去，直至找到根本性的原因，也就是真正的问题本质，如图 4-2 所示。

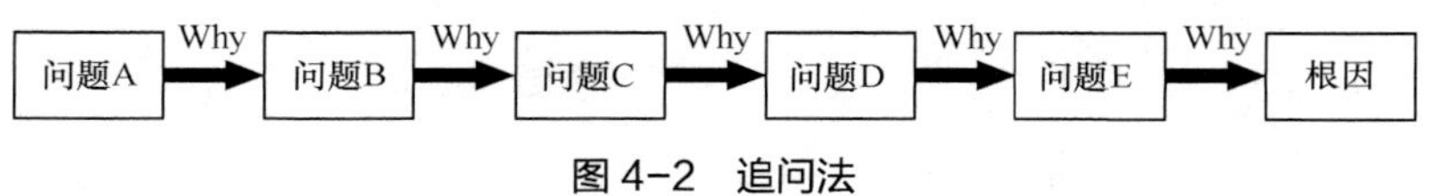

图 4-2　追问法

从初始问题 A 出发，问为什么，得到原因 B，然后继续追问原因 B 为什么，会得到原因 C，继续追问原因 C 为什么……一路追问下去，最终找到根本性的原因。追问法就是“打破砂锅问到底，不达根因不罢休”的一种本质思考方法。

之所以说追问法是基本方法，是因为追问法的方法本身并不复杂，对比我们之后将要学习的方法，追问法最为简单。其方法虽然简单，却很实用，你从一个问题出发，一路追问下去，必然会在问题本质上有所突破。追问法就像武术的基本功，看上去平凡无奇，但如果你把它扎扎实实地学好，则将受益终身。

这里分享一个追问法的案例。某纪念馆墙面破损非常严重，要找到这件事的根本原因，我们就按照追问法来挖一下。

为什么墙面会破损严重呢？因为工作人员经常用带有腐蚀性的清洗液来清洗墙面，从而导致墙面破损。

为什么经常用腐蚀性的清洗液清洗呢？因为墙面有大量鸟粪。

为什么墙面会有大量的鸟粪呢？因为纪念馆聚集了大量的鸟。

为什么会聚集大量的鸟呢？因为墙上有很多蜘蛛，吸引了许多以蜘蛛为食的鸟。

为什么会有很多蜘蛛呢？因为聚集了大量的昆虫。

为什么聚集了大量的昆虫呢？因为昆虫被纪念馆内的灯光所吸引。

分析到这里，我们得到了一个很重要的发现，纪念馆墙面破损严重的根本原因是纪念馆的灯光。接下来，要扭转这种情况，就要消除核心症结：调整纪念馆的灯光布局。

追问法又叫 5Why 法，但其实不一定问 5 次。有的时候，连续追问可以多于 5 次，比如上面这个案例中一共问了 6 次；大多数情况下，连续追问 3 次，就可以得到一个有价值的结论了。

比如，公司会议效果很差，每天要开很多会，但 70% 以上的会议都是议而不决。

为什么公司会议效果很差？因为大家开会缺少必要的方法和原则，例如守时、专注、简练发言、结果导向等。

为什么大家开会缺少必要的方法和原则？因为公司从来没有建立过，也从来没有强调过会议应有的制度、程序和文化。

公司为什么没有建立高效的会议制度、程序和文化？因为，沟通效率在公司里面从来没有被真正重视。

到这里，已经是一个非常有价值的结论了。沟通效率其实是管理中一个很核心的问题，需要引起重视，而在这家公司中，从未对其重视过。通过这样层层深入的分析，挖掘公司存在的问题，有望唤醒公司的效率意识，采取切实的办法，提高会议效率。

追问法就是通过不断追问，建立一个清晰的因果关系链，直到发现问题的本质。在实际操作中，追问法有三个需要注意的关键点。

第一，当我们追问一个问题的原因时，往往会发现一个问题有若干个原因。所以在给问题找原因的时候，要注意对问题的原因进行科学分解，把原因清晰完整地呈现出来，如图 4-3 所示。

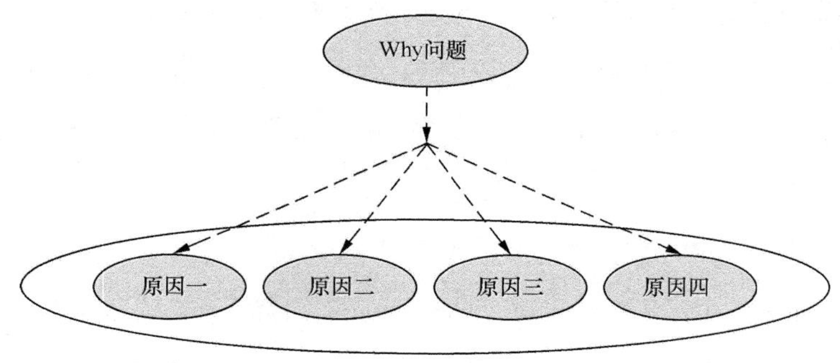

图 4-3　原因分解要完整

具体来说，原因分解首先要完整。一个问题可能有三个原因，或者有五个原因，无论有几个原因，都要罗列出来。其次，这些原因之间彼此要相互独立，不要交叉覆盖，它们每一个都是独立的原因，加起来是完整的，我们把这个原则叫作独立穷尽原则。最后，问题与每个原因之间都要有清晰的论证逻辑，确保每个原因都能站得住脚。

第二，每个问题都有若干原因，这些原因并不是同等重要的，要把握二八原则，凸显重点，剪除掉那些相对不重要的原因，关注那些真正重要的原因，始终抓住最主要的原因分支，如图 4-4 所示。

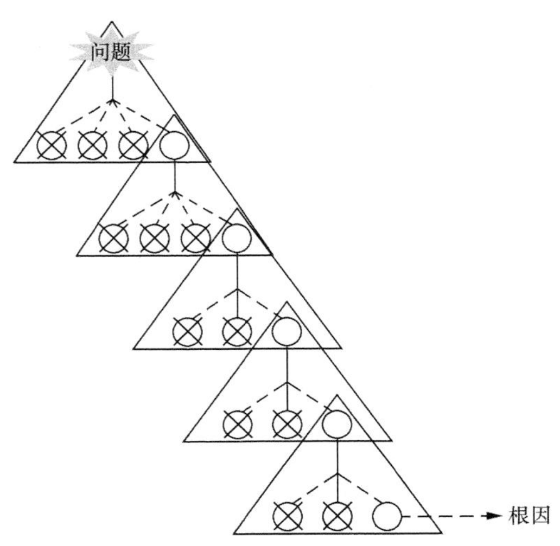

图 4-4　及时剪枝，聚焦主线

当我们为一个问题找原因的时候，会得到几个原因，要把不重要的原因分枝剪掉，聚焦最重要的原因，再次追问为什么，然后可能又发现了几个原因，那么就再次剪枝，聚焦主因，一直沿着一条主线去问。这样做是考虑到每个问题背后都有多个原因，而每个原因的重要性并不一致，要通过做减法，把精力始终聚焦到主要原因上，找到问题真正的根本症结。

那么，如何确保每次剪除的都是次要原因，保留的都是主要原因呢？或者说，如何在若干原因中，判断出哪个是主要原因呢？有几个方法可以帮助你做出判断。

首先，要判断一个原因是不是主要原因，你可以把它回溯一下，来验证这个原因到底是不是推动问题发生的主要动力。

比如刚才纪念馆的例子，可以回溯一下：

灯光是不是带来了昆虫？是。

昆虫是不是带来了蜘蛛的聚集？是。

蜘蛛多了，是不是鸟就多了？是。

鸟多了，是不是鸟粪就多了？是。

鸟粪多了，是不是迫使我们用带有腐蚀性的清洗液清洗？是。

长时间的腐蚀性清洗液清洗是不是造成了墙面破损？是。

整个因果链很顺畅且符合逻辑，说明挖掘出来的根因是可靠的，这就是回溯验证。

其次，判断这个原因到底是不是主要原因，可以判断在若干原因中，哪个原因的理论基础更坚实。被科学理论所证实的原因，通常是更加可信的。比如我们投出一个篮球，这个篮球成抛物线落地，那么篮球为什么要往地下落？可能的原因之一是地球对篮球的吸引力。这个原因是可信的，因为它在牛顿的万有引力定律中已经解释过，有坚实的理论支持。

最后，如果对若干原因中哪个是主要原因举棋不定的话，在实际操作中，我们可以适度地寻求一些专家的意见支持。借助专业的力量，找到最主要的原因。

第三，追问法要不断追问，直到找出一个我们可以接受的根本原因。所谓根本原因，就是针对初始疑问的主要症结、主要矛盾、主要规律的简洁表达。

这里面有一个非常关键的问题，就是在使用追问法一层一层下挖的时候，挖到哪一层算是挖到根本原因了？在U型思考中，对根本原因有四项基本判别标准。

首先，根本原因不是现象层面的，它是事物规律层面的。

其次，根本原因最好是有理论支持的，即根本原因的结论是建立在某个学科理论基础之上的。

再次，根本原因的表达是深刻而简洁的。

最后，如果除了根本原因，对于该问题还有其他解释的话，那么相对来说，根本原因给出的解释应是最好的。根本原因比其他所有的原因都更具有说服力。

再分享几个追问法的案例。

为什么自己的职业成长比别人慢？因为一直没有构建自己的职业专长，没有在哪个领域成为行家里手。

为什么没有建立自己的职业专长呢？因为自己怠惰，没有在某个领域取得突破的意愿和动力。

那么，人为什么会逐渐怠惰呢？因为大公司的良好自我感觉假象。

有些职场人的错误认知在于，往往把所在公司平台、品牌和影响力带来的良好感觉，误以为是自己的实力带来的。如果一直活在这样的假象里，人会逐渐变得怠惰。原因挖到这一层，已经足以让人警醒了，不要让虚幻的假象阻碍自己的成长，每个职场人都要加强学习，给自己营造危机感，培养出自己的核心竞争力。

假设你在一家企业的新业务部门工作，孵化培育了一个新业务，这个新业务的发展势头还不错，但是这个业务似乎在企业内部并不被认可。例如，很多企业在推进数字化转型。数字化团队往往开发了很多数字化的新工具、新功能，但好像企业上下并没有感受到数字化带来的新变化。

为什么企业上下对新业务不大认可？因为很多部门都认为新业务没有给企业创造真正的价值。

为什么你自己感觉新业务有价值，而别人认为你没有创造价值呢？因为企业各部门对业务价值的理解不一致。

为什么各部门对业务价值的理解不一致？因为企业缺少战略共识。

企业内部应该有好的战略共识，大家都朝一个目标努力，相互之间清晰地知道彼此的配合关系和行动路径，彼此认可价值。但如果一家企业没有这样的战略共识，大家就没有协同，对彼此的业务价值往往不认可。如果一家公司的 CEO，通过追问法挖掘到了这个本质症结，就要想办法改变这一点，寻求战略上的共识与协同。

假如有这样一家企业，已经发展了好几年，建立了上百人的队伍，也做了很多产品，但是这些产品没有一款能在市场上打响。

为什么这家企业拿不出自己的爆款产品？因为企业上下缺少打造爆款产品的紧迫感。

为什么这家企业缺少打造爆款产品的紧迫感？因为这家企业虽然是创业公

司，但它是由一个千亿规模的大企业投资设立的，母公司会持续为其下订单。这种“近亲繁殖型”企业，订单容易拿，产品差不多就行，所以企业始终缺乏生存的危机感和打造爆款的紧迫感。

为什么“近亲繁殖型”企业缺乏生存的危机感和打造爆款的紧迫感？因为缺少优胜劣汰的市场化机制。

如果要让这家企业摆脱近亲繁殖的束缚，打造出爆款产品，给自己找到未来，那么就要建立市场化机制，独立求存，真正去与其他对手竞争，变革内部文化，提升创新能力。只有这样，才有望做出爆款产品。

总结一下，追问法有自己的优势，也有自己的劣势。

追问法的优势是，容易学习，容易上手，只要设定一个问题，一步一步地向下问就可以了，最后一定能挖掘到问题的本质，所以追问法是本质思考的基本功。

追问法的劣势是，它相对封闭，始终在一个人的经验范畴里面思考，缺少思维的飞跃。它要求追问的时候每一步要问得准。比如前面纪念馆的例子，问为什么鸟多？是因为蜘蛛多，很多鸟类吃蜘蛛。接下来我们要追问的是为什么蜘蛛多？但如果问错了，就可能变成这样的问题：为什么鸟要吃蜘蛛呢？这就变成没有意义的追问了，所以每一步一定要问得精准。

每个方法都有自身的优势和劣势，但无论如何，追问法不失为一种挖掘问题本质的基础性方法，它带给我们最大的帮助是，从问题出发，建立一条清晰的因果链，直达问题的本质。

有一句话很有趣，非常符合追问法的“性格”，我把它作为本节的结束语：“傻傻地问，笨笨地挖。”

第 3 节 框架法：远离画面来看画

U 型思考，先问后挖。在“挖”这个环节中，框架法是一种系统的、全面的、深入的本质思考方法，不仅可以帮助我们洞察问题本质，更有助于我们养成系统思考的思维习惯。

介绍框架法之前，先介绍一下什么叫框架。框架指的是一个系统的层次、结构、功能或要素分解图。

比如一个图书馆大楼的设计蓝图就是框架，借助这个框架，我们可以看到图书馆楼层及功能区的划分。假如我们走到图书馆大楼里面的藏书室，藏书室里面有各种各样的书籍，通常按照自然科学、社会科学分类，然后自然科学又按照物理、化学、数学等进行分类，这种书籍分类也是一个框架。假如我们走到书架上翻开一本书，看到这本书的章节目录，这就是这本书的框架。每个系统都有自己的框架。

U 型思考中的框架法，是对一个问题整体把握、搭建框架、模块分解、聚焦重点、挖掘本质的思维方法。

比如在军事领域的作战任务分工。开战前，各部队指挥人员会一起面对沙盘，大家要整体把握战场全貌。接下来由指挥官进行战场区域划分，A、B、C 部队各自的任务是什么，这就是拆分模块，分解任务。最后指挥官会强调，我们这次作战的重点，就是一定要把敌人的关键阵地拿下来，这就类比于我们要聚焦重点，挖掘本质。像这样的作战任务分工的过程，其实就是运用框架法的过程。

导游带领游客游玩，通常会在进入景区大门时，在景区导览图前给游客介绍景区全貌，这就是整体概览。然后导游会做一个规划，说我们先到这个景点，再到那个景点，这也就是按照时间和路线，对游客体验过程做框架分解。通常，导游也会做一些重点推荐，说某个景点特别美，大家一定要去这里看看，这就是聚焦重点。这个导览的过程，也是运用框架法的过程。

学生们临近期末考试的时候，老师会带领大家做整体的复习。首先，老师会带领学生做一个学期知识的总体回顾，整体把握这门课。其次，老师会把课程的各个章节模块分别复习，强调要点，以及知识点之间的关系。最后，老师会强调一下课程的重点和难点。这个复习的过程同样是运用框架法的过程。

框架法的整个过程像“庖丁解牛”一样，对系统完整地、有结构地、分门别类地看待和分析。框架法的思考方式在各个学科、各个领域都会用到，其本质是系统化思考。

框架法的运用，主要有三个步骤。

第一步，整体俯瞰

整体俯瞰是指在面对一个问题的时候，要尽可能从一个更高的格局去看待和分析这个问题。

整体俯瞰的关键，是把“相对坐标”变为“绝对坐标”。以我们所处的地理方位为例，就存在相对坐标和绝对坐标的差别。当我们说向前、向后、向左、向右的时候，这种位置表达方式是相对于我们当前位置的相对坐标。而当我们打开地图或者在空中俯瞰地面的时候，就会用东、南、西、北或经度、纬度来标识位置，这种位置表达方式就是不取决于自身当前位置的绝对坐标。

同样，思维上也有相对坐标和绝对坐标之分。很多人平时习惯相对坐标的思维方式，总是采用向前、向后、向左、向右的相对坐标，这其实意味着，人是站在地面上的。一个人的思维方式如果总是采用相对坐标，就会总是拘泥于一个局部，且思维的层次较低。如果转变一下思维方式，以东、南、西、北或经度、纬度等绝对坐标来标识位置，就相当于人把自己的站位拔高了，站在上空来俯瞰地面。一个人的思维方式如果习惯性地采用绝对坐标，则意味着其能够以全局眼光审视事物，且思维的层次较高。换一种坐标方式，人的思维层次就不同了。

整体俯瞰是一个思维上“远离画面来看画”的过程。什么叫远离画面来看画呢？假设我们拿着一张地图，把地图拿到鼻子跟前看，由于离得太近了，因此顶多能看到一些条线、色块等，这样其实是看不清楚这张地图的。只有把地图拿开，远离自己，才能看清楚地图的全貌。思维上也是如此，一个人只有从具象、局部、细节中抽离出来，建立对事物抽象、整体、宏观的认识，才能真正理解和驾驭这个事物。

整体俯瞰强调的是，当你面对一个事物或一个系统时，要能够把自己的思维拔到一定的高度，从全局去审视这件事情。

每个人对事物的认知，都经历过从相对坐标到绝对坐标，从贴近看画到远离看画，从拘泥局部到整体俯瞰的变化，这也是每个人成长的必由之路。

下面举几个例子，看看在面对具体问题的时候，要如何做到整体俯瞰。

假设有一家企业，现在的经营状况不好，陷入了困境。那我们提出一个问题，这家企业为什么陷入了困境？这个问题就要整体俯瞰，远离画面来看画。一家企业就算规模再大，也只是商业体系中的一个点。你如果站在企业里面思考问题，可能永远没法看清楚这个问题，这时候你就要把自己拔高，去审视宏观经济，审视行业赛道，审视竞争格局，审视产业链变动等。比如看一下宏观经济，企业陷入困境，是不是由宏观经济增长放缓造成的？看一下行业赛道，是不是由于行业的整体衰退，造成了这家企业的衰退？看一下竞争格局，是不是由于竞争加剧，导致市场份额下降？看一下客户需求，是不是由于消费升级下客户有了新需求，而你的产品和品牌没有同步升级，所以客户抛弃了你……通过这种整体俯瞰，才能够看到企业所处的商业系统全貌，才能够更加全面地思考这个问题。

再举个例子，直播电商近几年特别火，那我们可以提问，直播电商为什么这么火？要回答这个问题，也必须整体俯瞰，远离画面。从直播电商这个领域跳出来，站在整个电商行业的高度，来思考这个问题。电商行业有几种不同的形态：购物车电商，用户在网站上买东西要放到购物车里面，最后统一结账，典型代表是天猫、淘宝、京东；拼团电商，典型代表是拼多多，用户在48小时之内完成购买，拼得越多越便宜；直播电商，典型代表是网红、“大V”等，用户在直播间完成购买。这三种电商形态具有不同的特点。购物车电商对用户没有时间压迫，货物放在购物车里多久也没人催你。拼团电商要求必须在48小时内完成拼团购物，如果不能按时拼团的话，这一订单就会结束。直播电商场景中，这种催促感就更为强烈，主播会给用户倒计时，催促用户在极短的时间内决定是否购买。所以从购物车电商到拼团电商再到直播电商，即时购物的特点越来越显著。如果做进一步的深入分析，还可以发现，这几类电商的折扣机制、用户信任、适配商品等各不相同，每一代电商模式都有它不同的运作机理，也都有它不同的场景和用户群。这个分析过程其实就是一个远离画面来看画的过程，不只是盯住直播电商这一个点，而是整体俯瞰电商行业，找到行业的规律变化。只有整体俯瞰，才能深刻洞察。

假如公司最近准备开发一款新品，这时候一定要思考，这个产品的定位是什么呢？这个产品的目标用户群是谁？用户有哪些未被满足的需求？这个时候，产品经理就要整体俯瞰用户的需求，从用户的衣、食、住、行、学、娱等各类需求开始，一层一层地剖析，看看用户还有哪些未被满足的需求。最后再分析，我们这个产品定位到用户哪项未被满足的需求中。整体俯瞰才能帮助我们找到合理定位，把握创新商机。

以上几个案例都说明了一个道理，要想洞察一个问题的本质，就要跳出这个问题，远离画面，整体俯瞰，才能看得清楚。

第二步，框架分解俯瞰

为什么要进行框架分解？对一个复杂的系统进行模块化拆解、分门别类、条分缕析，可使对一个复杂问题的剖析，变成对若干简单问题的分析。本质上，框架分解就是把复杂问题模块化，便于“各个击破”。

框架分解需要遵循什么原则？那就是彼此独立，整体穷尽。系统拆分成模块后，模块之间不能出现交叉，这就叫作彼此独立；系统拆分成模块后，拆解出的模块加起来，一定要完整地覆盖原系统，不能有缺失，这就是整体穷尽。这个原则也可简称为独立穷尽原则。

对于一个目标体系，基于独立穷尽原则，进行模块化拆解所形成的整体视图，就是框架分解。

举几个商业领域的框架分解例子。

如图 4–5 所示，这是一个行业分析框架。一个行业由很多企业组成，这些企业的商业模式侧重点不太一样，彼此协作或竞争，组成了这个行业的整体生态。例如，有的企业定位做产品，有的做分销渠道，有的做入口社群，还有的企业为行业提供人才支持、数据分析、能力支持、交易市场或金融工具，这些企业在一起共同组成了行业生态。这个框架的价值在于，当你需要分析一个行业生态中包含哪些商业模式的时候，当你需要分析一个行业中各类企业的协作关系的时候，当你需要看到这个行业当前的投资价值洼地在哪里的时候，都可以运用这个框架展开分析。

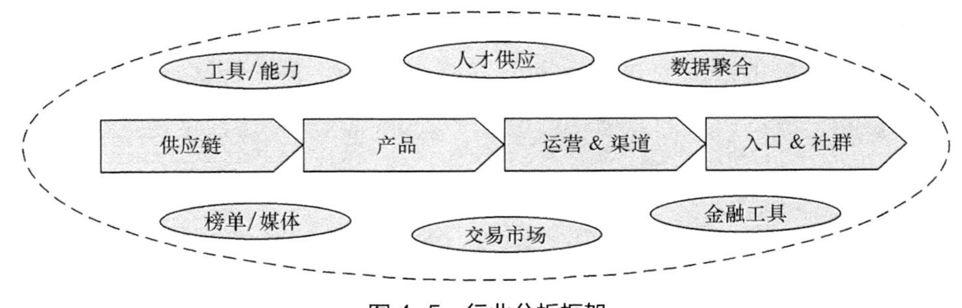

图 4–5　行业分析框架

如图 4-6 所示，这是商业模式画布框架。当我们在分析一个商业模式的时候，可以把商业模式划分成多项要素进行分析，包括客户细分、价值主张、渠道通路、客户关系、关键业务、核心资源和重要伙伴，以及收入来源和成本结构。商业模式画布这个框架比较系统、完整地覆盖了商业模式的各项核心要素，无论设计一个商业模式，还是诊断现有的商业模式，都可以运用这个框架。

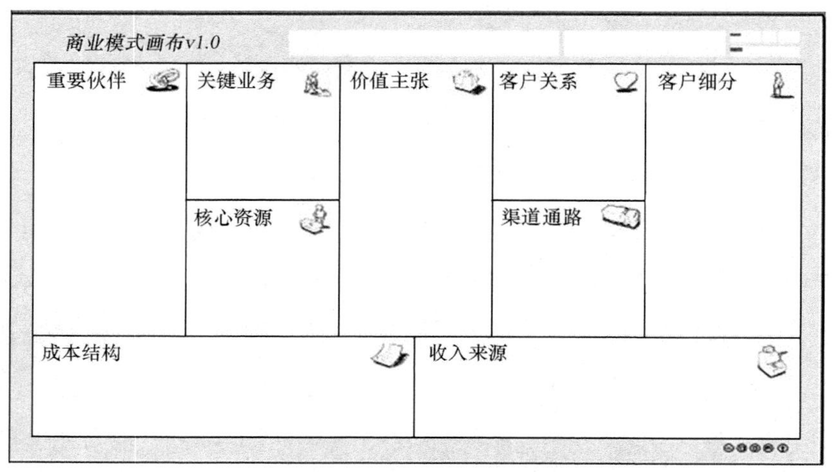

图 4-6　商业模式分析框架

如图 4-7 所示，这是 IBM 公司提出来的框架——业务领先模型（Business Leadership Model）。简单来说，这个框架将对于战略的分析分为两个部分，左侧的模块叫战略，包括市场洞察、战略意图、创新焦点、业务设计。也就是说在制定战略的时候，对市场要有洞察，然后企业要有自己的战略意图，聚焦创新的关键点，最后开展相应的业务设计。总而言之，左边这个模块都是围绕业务战略的。右侧的模块叫执行，包括人才、组织结构、氛围与文化、关键任务等。业务领先模型作为战略思考框架，是由最右侧的差距拨动的。业绩没有达到预期称为业绩差距，机会没有看到称为机会差距，根据差距来判断是应该升级战略，还是应该改进执行。这是一个相对完备的企业战略分析框架。

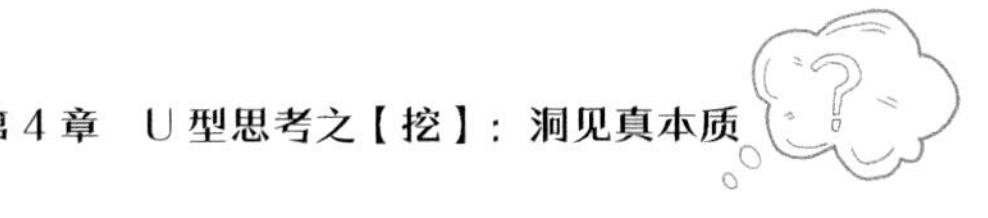

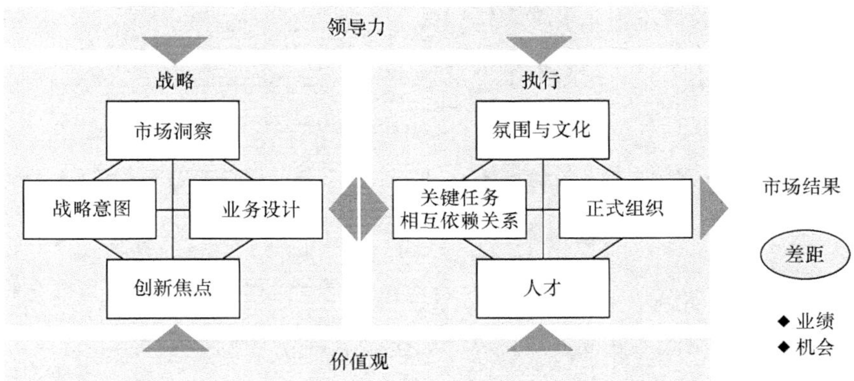

图 4-7　业务领先模型框架

如图 4-8 所示，这是一个用于产品设计或营销策划的框架，叫作破局点框架。当我们要设计产品或营销方案的时候，关键词是价值主张。价值主张指的是客户购买产品的理由，也是整个破局点框架的核心。那么，怎样才能构思出一个好的价值主张呢？第一要明确用户的痛点；第二，要分析用户会把这个产品放在他脑海中的什么位置，这称为心智定位；第三，用户在使用产品前后的体验对比会怎样，这称为价值感知。基于这三个要素，锁定价值主张，才有可能找到真正的破局点。

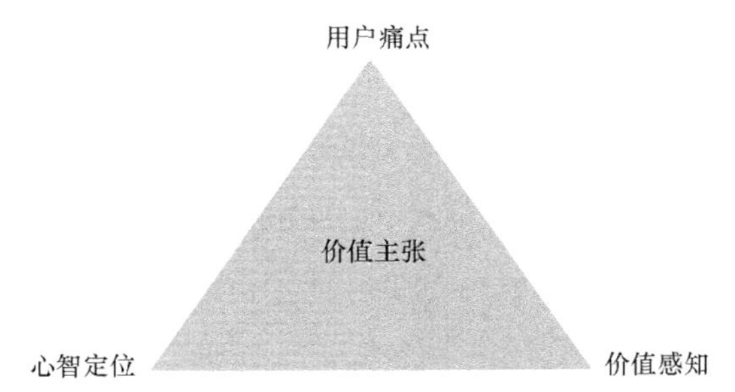

图 4-8　破局点框架

下面我们继续前面的三个例子，借助专业框架，继续深挖本质。

第一个例子中的问题是，企业为什么陷入困境？我们借用业务领先模型框架，对该问题进行诊断。沿着这个框架，我们有可能得出这样的结论：企业的市场洞察不到位，对市场的需求变迁缺少了解；战略意图不清晰，一直没想清楚自己定位在何方；企业这几年做了很多事情，但是创新焦点一直特别不聚焦，没有哪件事情真正做成；还有一点就是氛围与文化不足以支持企业的创新和成长。通过基于专业框架的分析，我们就能把企业存在的问题清晰准确地扫描出来。

第二个例子中的问题是，直播电商为什么这么火？ 运用商业模式画布框架对这个问题进行分析。可以看到，第一，直播电商的价值主张特别鲜明。对于用户来说，喜欢到直播间购物的主要原因是，货品便宜且可信。第二，直播过程中，用户面对的是鲜活的人，而不是冷冰冰的货架，直播间的带货网红与粉丝之间建立了良好的可信关系，用户觉得我相信你，所以我也相信你推荐给我的东西。第三，渠道模式简单。用户只要下单购买，几天之内快递送到。线上购物，线下快递，让用户购买足够方便。通过商业模式画布框架，我们可以快速简明地对这个问题展开分析。

第三个例子中的问题是，假定我们正在策划一个生鲜电商业务，那么这个业务的定位是什么？我们采用破局点框架对这个问题进行分析。对于生鲜电商，用户的主要痛点就是方便快捷，我足不出户，你尽快给我送来；还有心智定位，消费者现在越来越在意生鲜食品的食材品质、食材新鲜度、食材原产地，产品最终选择的心智定位是“食材新鲜”；再就是价值感知，我们希望用户在送货及食材方面的体验，与竞品有显著不同。借助破局点框架，我们可以清晰地梳理思路。

框架分解要像“庖丁解牛”一样，对一个系统进行快速、准确、专业的框架设计与运用。那么，我们如何才能提升自己搭建框架的能力？

（1）在自己能够创造框架之前，你最好背诵记忆一些成熟的分析框架。

前人开发的一些经典分析框架，往往是经过实践检验和理论验证的。先拿一些这样的框架为我所用，储备的东西多了，慢慢地自己就会创造框架了。

（2）储备一定的理论基础知识。

框架的分解运用过程，也是理论的调用过程。只有适度储备一些理论基础知识，才能知道如何搭建框架，如何用好框架。比如要运用业务领先模型的时候，你最好对战略理论基础知识有所储备；要运用商业画布模型的时候，你最好对商业模式理论基础知识有所储备。这些基础知识储备会让你的分析更有质量。

（3）掌握基本的商业逻辑常识。

比如从行业到企业到业务，是一个从大到小分析业务的基本逻辑；比如每个企业都有上游和下游，从而形成产业链；比如对企业的分析需要将外部分析和内部分析相互结合起来思考……这些都是我们在商业分析中应有的基本逻辑常识。

当然，最重要的是勇于尝试。面对陌生问题敢于搭建框架，按照框架进行深度分析。这样不断实践，框架分解的能力就会越来越强。

第三步，重点突破

为什么在分析问题本质的时候，经过整体俯瞰和框架分解，最后还要重点突破？

在运用框架法的时候，框架分解的过程通常是发散的，但发散之后需要收敛，选择出最佳的答案，作为问题的本质。所以，重点突破环节要对若干可能的答案进行收敛，找到真正的本质。

当我们在分析某个问题本质的时候，尤其是经过框架分解的过程，往往会出现若干个可能的答案，那么究竟哪个答案是最核心的、最重要的？或者说，哪个是最本质的？

重点突破环节，秉承两条基本原则。

原则一：对于一个问题有多个解释的时候，最优解释胜出。

原则二：对于一个问题有多个解释，且这些解释难分优劣。那么，遵循奥卡姆剃刀原理，在所有这些解释中，最简洁者胜出。

我们继续分析前面三个案例。

第一个例子中的问题，企业为什么会陷入困境？我们用业务领先模型作为分析框架刚才已经展开分析了，但出现了若干答案，哪个才是最核心的症结？这里面就需要结合企业的实际状况，在分析时综合各类信息得出判断，锁定一个最反映本质的答案。例如，企业为什么陷入困境？是因为市场洞察不充分，没有看到消费者已经出现代际更迭。消费者不再选择我们的品牌，这是导致企业陷入困境最根本的原因。回顾一下这个问题的整体思考过程，首先整体俯瞰这个问题，再之后用业务领先框架分析诊断，最后重点突破得出结论。

第二个例子中的问题，直播电商为什么这么火？前面用商业画布框架，得出几个结论，包括价值主张鲜明、客户关系极具信任感，以及渠道模式简单便利。但还可以用更简洁、更本质的观点来解释这个问题。用一句话总结，信任资本的积累降低了交易成本。因为消费者信任这个平台，信任网红这个人，所以信任这里的商品。信任积累得越多，交易成本就越低，这是问题的本质。

第三个例子中的问题，策划一个生鲜电商业务，产品定位是什么？沿袭前面的分析，用户痛点是方便快捷，心智定位是食材新鲜，价值感知是体验优于竞品，那最后我们为这个业务锁定的价值主张就是：极致方便与新鲜，并把这一点作为业务的破局点。

总结一下，U 型思考的框架法三部曲：

第一，整体俯瞰，远离画面来看画；

第二，框架分解，条分缕析模块化；

第三，重点突破，删繁就简找本质。

框架法，不仅仅是 U 型思考挖本质的思考方法，更体现了我们面对复杂的世界应有的一种观念。这个观念就是：**如果你想深刻地理解一个事物的本质，那么就要进入一个更大的系统中。**

第 4 节　类推法：思维飞跃抓共性

类推法是以思维的飞跃，洞察事物本质的好方法。

首先，什么是类推？

类推指的是在一个或多个事物中，提炼出具备共通性的本质特征，并推及到其他事物上的思维方式，如图 4-9 所示。

图 4-9　类推的思维方式

类推思维是一个人从小就要学习训练的能力。在中小学的作业中，有很多关于类推的题目，如下所示。

蛇：？ = 老鼠：猫

姐姐：？ = 哥哥：弟弟

法国：？ = 英国：伦敦

这几个问题并不难，但代表了典型的类推思维。这个等式的左右两边，需要有共通的模式特征。

第一个题目，蛇比什么等于老鼠比猫？老鼠比猫暗示着一种什么模式特征？天敌关系。那蛇的天敌是什么？是鹰。

第二个题目，姐姐比什么等于哥哥比弟弟？哥哥比弟弟揭示了一个共通的模式特征，就是亲属中的年龄次序，同理应该是姐姐比妹妹。

第三个题目，法国比什么等于英国比伦敦？这里的模式特征是一个总体集合比里面的一个子集，或者说一个国家比它的首都，同理应该是法国比巴黎。

在中国的成语、俗语或歇后语中，有大量类推思维的案例。

比如我们有时候规劝别人不要过度焦虑，会说你不要“杞人忧天”，这就是借用一个杞国人每天担忧天会塌陷的寓言故事，从中提取出了“不必要的担忧”的本质特征，类推到了当前场景中。

比如我们鼓励团队努力进取时，会说大家不要“守株待兔”，这个故事的原文是一个宋国人不爱劳动，每天躺在树边，等着兔子撞上来。我们在表达中提取出了故事主人公“期待不劳而获”的本质特征，类推运用到团队管理之中。

还有我们鼓励一个人要有毅力，会说“愚公移山”，这也是从愚公移山的故事中提取出了“坚韧不拔，矢志不渝”的本质特征，类推到了当前的场景之中。

U 型思考中的类推法，指的是针对一个问题 A，我们想要找到它的本质，那可以先找到一个与 A 有类似模式特征的问题 B，把在问题 B 分析得出的结论迁移类推到问题 A，从而得到答案。

如图 4-10 所示，类推法运用的关键在于，找到与问题 A 同构的一个问题 B，问题 B 可能在实践中或者在理论中已经有了答案，我们把这个答案迁移类推到问题 A。

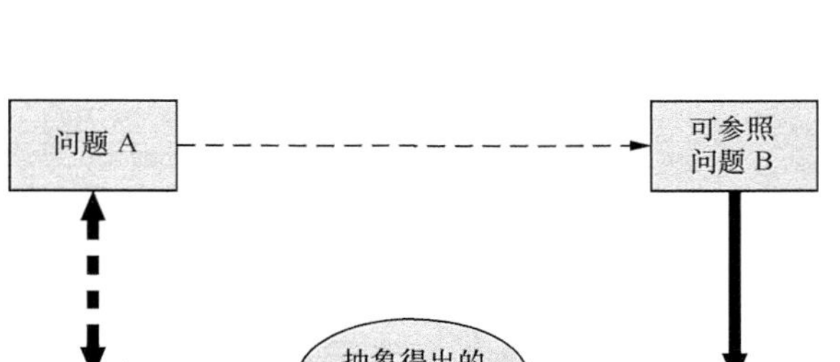

图 4-10 类推法

根据 A 和 B 的关系，类推分析可以分为三类。

第一，相同领域类推

问题 A 和 B 属于同一个领域，情况近似，那么 B 的答案可以直接类推迁移给 A。

举个例子，假设我在经营一家饭店，现在有一个问题，我的饭店的创新焦点是什么？这个时候，可以参考一些优秀的餐饮企业的做法，找到其共性规律。优秀的餐饮企业，例如海底捞、太二酸菜鱼、西贝莜面村，它们近几年的创新焦点是什么？可以发现，这些企业纷纷在推进私域流量、会员制等方式的用户经营，都在通过标准化、数字化等方式提高店面效率，也都围绕店长选拔、人才激励等进行团队优化。用户经营、效率提升、团队优化，都值得我的饭店参考借鉴，虽然具体做法或有不同，但这些共性规律一定要把握住，如图 4-11 所示。

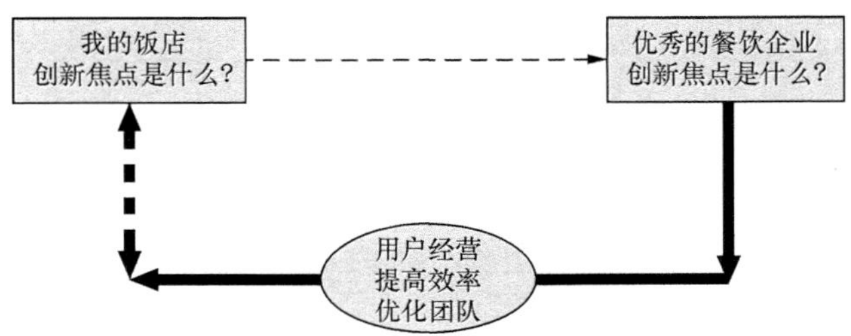

图 4-11 同领域类推示例：餐饮业

第二，跨领域类推

问题 A 和 B 并不在同一个领域，B 的做法不能直接迁移给 A，但是 B 的模式特征可以类推给 A。

例如，一个家用净水器企业，希望开展产品创新，它的问题是创新突破的关键是什么？用类推法分析这个问题，把研究的视野放大一些，不局限于净水器行业，而是放大到整个家电行业。分析一下这几年在家电领域做得风生水起的小米，它在产品创新方面的主要特征是什么？可以发现，小米最典型的产品创新特征是，做减法，要简洁。以小米 TV 为例，把遥控器上的按键大量删除，只保留很少数的几个操作按键。那它的本质是什么？是产品做减法，给用户带来极简体验。如果把这个策略类推到净水器行业，那么净水器是不是也可以借鉴这样的思路呢？纵观现在的净水器行业，最贵的净水器过万元，有大量的复杂功能。其实，消费者最主要的需求就是喝到安全的水，根本用不着那么多复杂的功能。那么，能不能借鉴小米家电的创新思路，在产品上做减法，给用户带来极简的体验？这就是跨领域类推带来的启示，如图 4-12 所示。

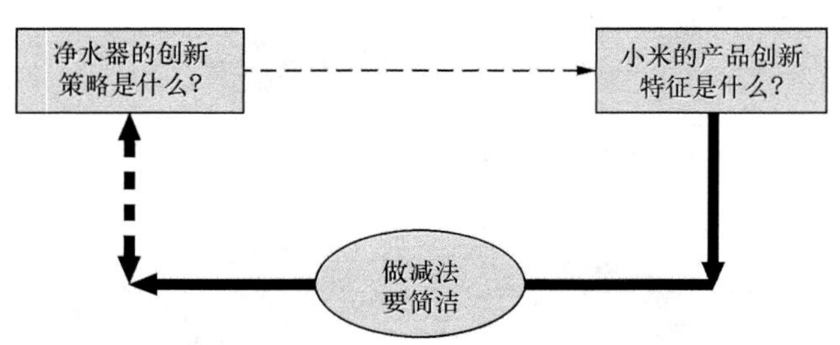

图 4-12　跨领域类推示例：净水器

再举一个例子，哈斯廷斯在创立 Netflix 的时候，视频内容该采用什么样的定价模式呢？传统的视频内容公司定价都沿袭了录像带租用的定价方式，即在限定的时间内看完，如果超出限定时间，还要缴纳延期费。哈斯廷斯没有沿袭这种传统的定价模式，而是借鉴了健身房的定价模式。健身房的定价模式是包月（包年），也就是月费（年费）以内不限次消费。哈斯廷斯把这种模式借鉴到了视频内容领域，后来 Netflix 一直遵循着这种定价模式。这也是一个典型的跨领域类推，如图 4-13 所示。

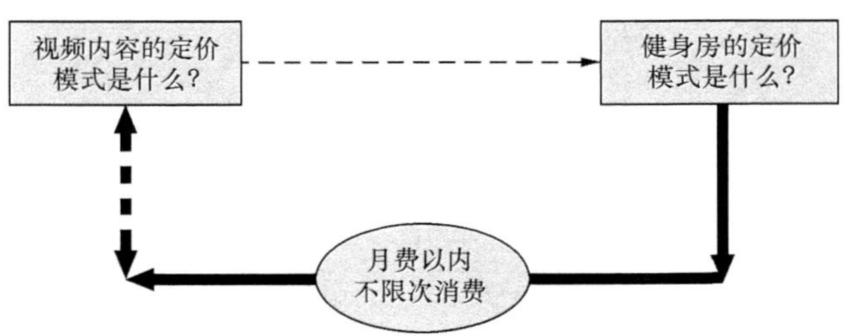

图 4-13　跨领域类推示例：视频内容定价

再例如，我们现在经常使用的一类软件叫作 SaaS，如钉钉、Zoom、腾讯会议等。SaaS 软件的定价模式应该是什么呢？我们也做一个跨领域的类推，可以参照电信行业，运营商在前几年如火如荼地推出 0 元购机消费套餐。0 元购机套餐的典型定价模式是什么？是你不花钱就可以把手机拿走，但与此同时你必须使用该电信运营商的号码，并保持 12 或 24 个月在网，每个月话费和流量的总消费不低于 ××× 元。这种定价模式的本质是，免收固定的一次性费用，而收取使用费用。这带给 SaaS 软件行业的启示是，可以把软件基础功能免费给消费者使用，但如果你要用一些增值的功能，比如云盘存储、会议电视、多点视频会议等，就要根据使用情况缴纳使用费。这也是一个典型的跨领域类推，如图 4-14 所示。

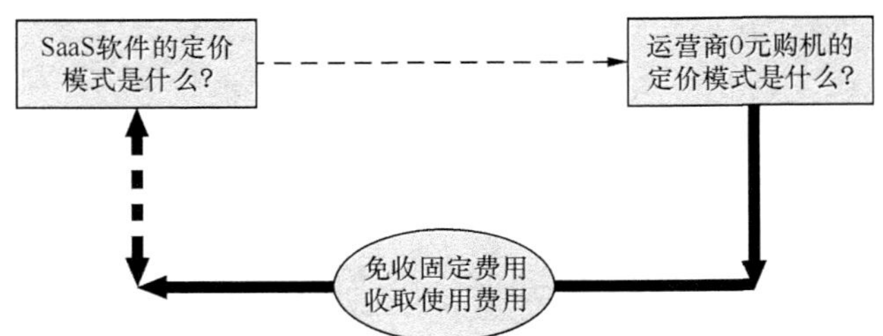

图 4-14　跨领域类推示例：SaaS 软件定价

第三，理论类推

这里面问题 A 代表实践范畴，问题 B 代表理论范畴。问题 A 在实践中寻求的答案，通过类推借用问题 B 的理论答案。

回到前面净水器创新这个案例，净水器的创新策略是什么？如果类推得再远一点，类推到理论领域，那么这个问题就可以抽象成这样一个问题，成熟产品的创新策略是什么？哈佛大学商学院的克里斯坦森教授提出过颠覆式创新理论，他研究发现，当某一类商品出现性能过度，也就是商品做得比用户需要的更好，则这个时候会给它的对手提供机会。这些新入场的对手，会采取颠覆性竞争策略，把原商品中那些过度的性能砍掉，然后以更便宜、更方便的方式，服务于低端人群。这在商业理论中被简称为低端颠覆。回到最初的问题，净水器行业已经出现了明显的性能过剩，则可以采用低端颠覆策略开展创新，让净水器变得更加简单、便宜、方便，如图 4-15 所示。

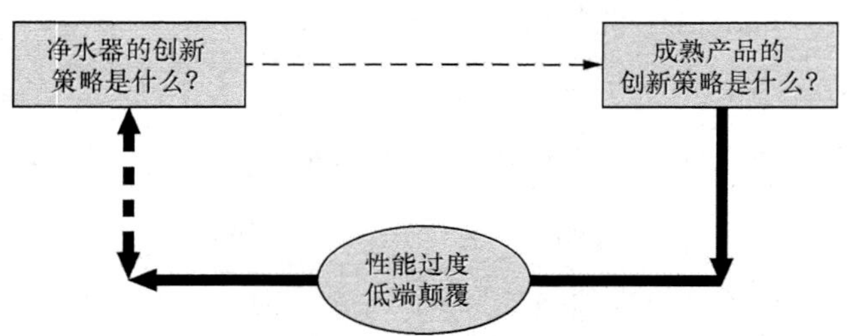

图 4-15　理论类推示例：净水器

哈斯廷斯给 Netflix 设计定价机制的时候，视频内容的定价模式应该是什么呢？这件事的理论本质是什么？无论是健身房，还是视频内容，从其商业模式的本质来讲，都属于高固定成本的商品或服务。因为你要做一个视频内容，要有服务器，要有带宽，然后要花很多钱把这个内容做出来，固定成本很高，但与此同时边际成本很低。同样，健身房行业要租房、装修、购买设备，同样固定成本很高，而边际成本较低。在理论领域，这样的问题早就有回答。高固定成本领域商品适用的定价模式是什么？就是固定费用以内的不限次消费，所以哈斯廷斯最终给 Netflix 也设计了这样的定价模式，这是一个典型的理论类推，如图 4-16 所示。

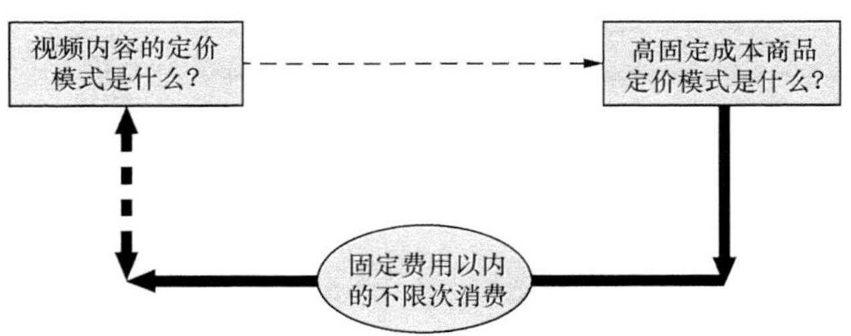

图 4-16　理论类推示例：视频内容定价

SaaS 软件合理的定价模式是什么？在微观经济学的基础理论中，有一种定价方式叫两部定价法。两部定价法就是把定价分成两部分，首先有一个入门的费用叫作固定费用，然后还有一个随着使用量付费的使用费用，从而形成了固定费用加使用费用的两部定价法。在 SaaS 软件这个特定的领域，一般采取的是固定费用免收，而收取使用费用这样的方式。这也是一个典型的理论类推，即 SaaS 软件的定价模式，参照了微观经济学中的两部定价法，如图 4-17 所示。

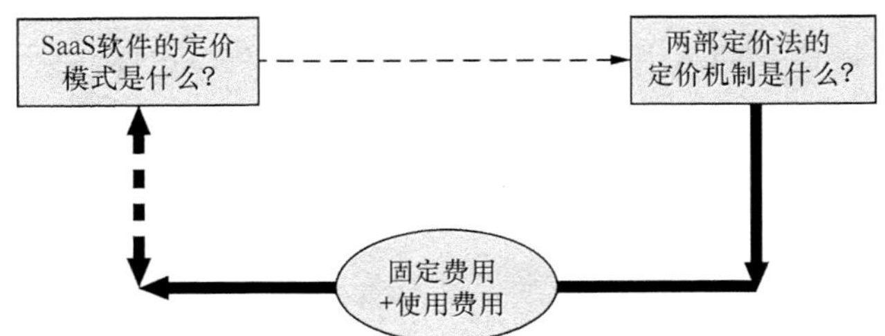

图 4-17　理论类推示例：SaaS 软件定价

刚才讲了三种类推，总结一下，如图 4-18 所示。

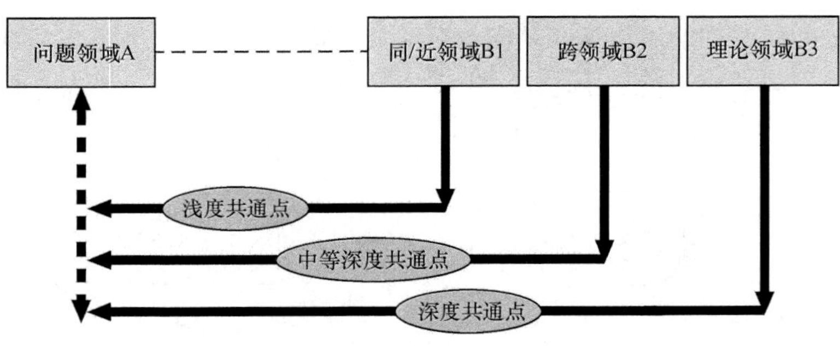

图 4-18 类推法总结

同领域的类推，往往是浅层借用，问题 A 直接借用同领域问题 B1 的结论。像前面餐饮业的案例，就是对标这个行业优秀企业的做法规律，作为自己的决策参照。双方类推共享的是浅度的共通点。

跨领域类推，往往是中等深度借用，问题 A 借用跨领域问题 B2 的主要模式特征。像前面净水器借鉴小米家电，SaaS 软件借鉴运营商的 0 元购机案例，都是借鉴商业模式特征。双方类推共享的是中等深度的共通点。

理论类推，距离最远，但是借用的深度最深，实践问题 A 借用理论问题 B3 的理论观点。双方类推共享的是深度的共通点。

类推思维，距离越近，共通层次越浅；距离越远，共通层次越深。但无论远近，类推最大的价值在于，让思维产生飞跃。

运用类推法，有一个前提，即问题 A 和问题 B 必须具有共通的模式特征，要么相同领域，要么相似结构，要么相关理论，只有满足这几点，A 和 B 之间才能产生类推关联。

用好类推法，关键在于模式识别，也就是找到 A 和 B 之间共通的模式特征。回到我们最前面的案例，那几个小学生的类推填空题，等号左边和右边都是同样的模式，关键是要识别出共通的模式特征，才可以填空。再例如中国古代的成语、俗语、歇后语，古代的一个场景，为什么能够跟现代生活连通起来呢？是因为它们有一个共通的模式。把这个模式识别出来，就可以“古为今用”了。

类推法适合的使用场景是什么呢？在以下几种场景中，我建议你多用类推法。

你想让别人瞬间听懂你的观点时，就非常适合使用类推。当我们鼓励一个人要勇敢，不要被以往的失败吓住时，就会说“你不要一朝被蛇咬，十年怕井绳”，对方马上就能理解你要表达的意思了。这就是类推的好处。

当我们要跨领域学习借鉴业界公认的标杆企业，比如小米、华为等，也适用于类推法。通过类推法，可以抽象出标杆企业最值得学习的本质特征。

当我们要寻求一些方向性的突破，比如新的商业模式、新的产品思路时，特别适用于类推法。类推法往往能够让我们的思维产生飞跃，获得全新的启示。

在 U 型思考挖掘本质的几种方法中，类推法有哪些独特的地方？

类推法能产生思维飞跃，当我们把问题 B 的答案类推迁移到问题 A 时，这个过程帮助思维跳出了原有的小圈子，打破了思维的封闭。与此同时，类推法的这个特点，对于使用者的能力提出了较高要求，要求使用者善于联想，善于举一反三，善于抓住共性。

类推法还有一个优势是，它忽略一切细节，只捕捉最主要的模式特征，所以类推法有助于我们抓住真正的本质。但这也一定会带来一个劣势，就是这种本质是相对粗糙的本质，是以牺牲细节为代价的。

类推法能够实现跨领域、跨学科、跨门类的观点借用。但是，通过类推法得到的问题答案，只是一种间接启发，而并非基于逻辑的严谨论证。或者说，它只是或然论证，并非是必然论证。

总体来说，类推法是一个非常棒的方法，它能够帮助我们思维飞跃，洞察本质。由此衍生出一个问题，如何训练自己的类推思维能力呢？

（1）做单一事物的抽象思维训练。

比如，你读完一本书或者读完一篇文章的时候，你问自己这样一个问题，用一句话总结本书或本篇文章的中心思想是什么？我们每天都可以看到各种商品广告，每次看到一个广告的时候，你也可以锻炼一下自己的思维，问问自己，这款商品商业模式的本质是什么？我们平时在工作中，总会接触一些不同领域的高手，那你总结一下，高手的能力特质是什么？

不断这样训练自己，你对事物本质的提炼就会越来越深刻，对事物本质的储备就越来越丰富。这样，在需要对事物之间的本质特征进行类推的时候，你就能快速完成。

（2）看到一个规律，给这个规律找更多的场景。

举个例子，我们都知道有一种机制叫用户评分。比如，我们点完外卖，可以在美团外卖上对这个订单做评价；我们离开一个酒店之后，可以在携程上对这个酒店进行评价。这种模式就是用户评分机制。那么思考一个问题，除了外卖、酒店之外，用户评分机制还可以用到哪些领域呢？事实上，我们在知识付费、在线课程、旅游服务、家政服务等很多领域都可以引入用户评分机制。

再比如，共享资源的商业模式，现在我们看到最多的就是共享汽车和共享单车，那除了这两者之外，还有哪些可以共享资源的地方呢？是不是还可以有共享空间、共享劳动力、共享设备呢？

再比如，商业中有很多个性化定制模式，也就是按照消费者个性化需求提供商品，比如个性化的鞋、个性化的服装。那么，除了个性化鞋、服装，还有哪些领域适用于个性化定制呢？

基于规律找场景，恰好和前一个训练相反，是从本质特征出发，到大千世界寻找各种丰富的运用。如果说前面的训练是在训练归纳逻辑，这个训练则是在训练演绎逻辑。

（3）找两个或多个事物的相同点。

比如说思考第一个问题，财务工作和体育裁判工作有什么相同点呢？表面上，这两种工作毫不相干。但事实上，财务工作和体育裁判工作有一个非常重要的共通点，就是这两种工作对准确性的要求非常高。此外，你还能发现这两种工作在各自的领域中，基本上都属于一种支撑性、保障性的工作，并不属于业务的主线，这也是一个共通点。

再思考第二个问题，出租车和旅游用品商店有什么相同点？其实，出租车和旅游用品商店有一个共性特点，那就是面对的都是一次性客户，都是一次性购买，很少有回头客。两者有模式的共通之处，只要有共通之处，就有可以类推之处。

再思考第三个问题，商场会员卡和手机上各种 App 密码有什么相同点？有没有意识到，商场会员卡和手机 App 密码有一个共同的特点，就是越来越多，难以管理，这就是两者的共同特征。

找事物之间的共同点，本质上是在训练模式识别能力。能一眼看穿两个事物背后的某种共通模式，就说明你已经具备了极强的抽象思维能力。

总之，如果你反复运用这样几种方法，为单一事物抽象找规律、为规律找更多场景、为两个事物找共通点来训练自己，那么你透过现象找本质的能力会越来越强，以后在使用类推法的时候，速度会越来越快，质量也会越来越高。

本文的最后，分享一个我本人特别喜欢的问题，邀请你作答。

创新学说鼻祖约瑟夫·熊彼特（Joseph Alois Schumpeter）说过一句话，他说，无论把多少辆马车相连，也无法得到一辆火车。

你能否仿照熊彼特的这句话，再造一个句子？

这将是一个非常棒的类比。

第 5 节　假设法：一眼看穿真本质

假设法是在挖掘问题本质时科学、有效的方法。

既然是假设法，那什么是假设？

假设是未经证实的结论。当我们面对一个问题时，给出一个结论，但这个结论是否正确还没有经过证实，这时的结论就是假设。

无论在我们的生活中还是工作中，假设几乎无处不在。无论是解决难题，还是与人沟通，无论是制定商业战略，还是分析科研课题，都要有假设。

假设可以解释过去，也可以预判未来。无论是对过去已经发生的事情做原因分析，比如昨天为什么交通拥堵；还是对未来可能发生的事情做推演，比如明天大概率会下雨，都要有假设。

假设通常带有价值判断。我们都听过这样的故事，面对一个全体岛民都不穿鞋的小岛，鞋厂的第一位销售人员感觉非常悲观，认为完全没有机会，鞋厂的第二位销售人员则感觉非常乐观，他认为全都是机会。同样的市场，不同的假设，背后体现了不同的信念或不同的价值观。

在我们的现实社会中，有很多职业都是基于假设的思维方式开展工作的。假设，离我们并不遥远。

比如警察办案，通常会根据现场证据，结合过往的经验，先抛出假设，然后再开展一系列的走访调查，进一步证明或者证伪这个结论；医生看病会根据病人的表面症状，结合自己的诊疗经验，大致判断病人可能是什么病，然后围绕这个假设做进一步的诊断化验，来验证假设；科学家做科学研究是典型的假设法，面对一个命题，提出一个假设，再围绕这个假设进行实验，证明、证伪或修正假设；企业咨询顾问在做咨询的时候，通常是根据企业现实状况，结合商业理论知识，对该企业的问题症结与改进对策提出假设，在此基础上再进一步地开展调研分析，制定方案……以上的这些工作，都运用了假设的思维方式。

U 型思考中的假设，指的是对于 U 型思考中需要回答的问题，给出的未经验证的结论，如图 4-19 所示。

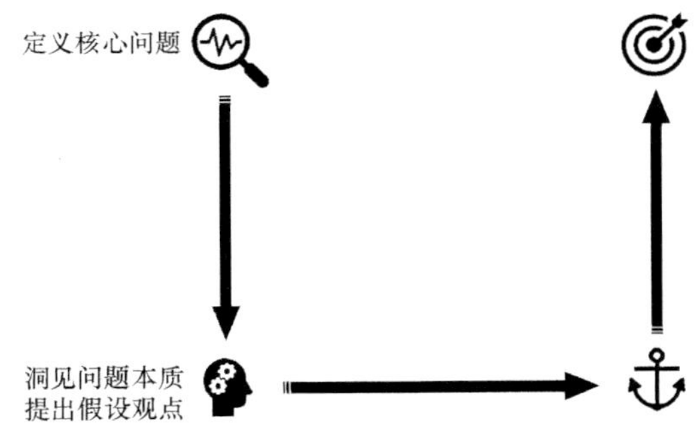

图 4-19　U 型思考中的假设

U 型思考中的假设法，包括三个环节：

第一，针对 U 型思考中的问题，提出假设主论点；

第二，以假设主论点为核心，明确待验证的观点与逻辑；

第三，经过调研分析，最后证明、证伪或者修正假设主论点，得出最终的结论。

U 型思考假设法的工作原理如图 4-20 所示。

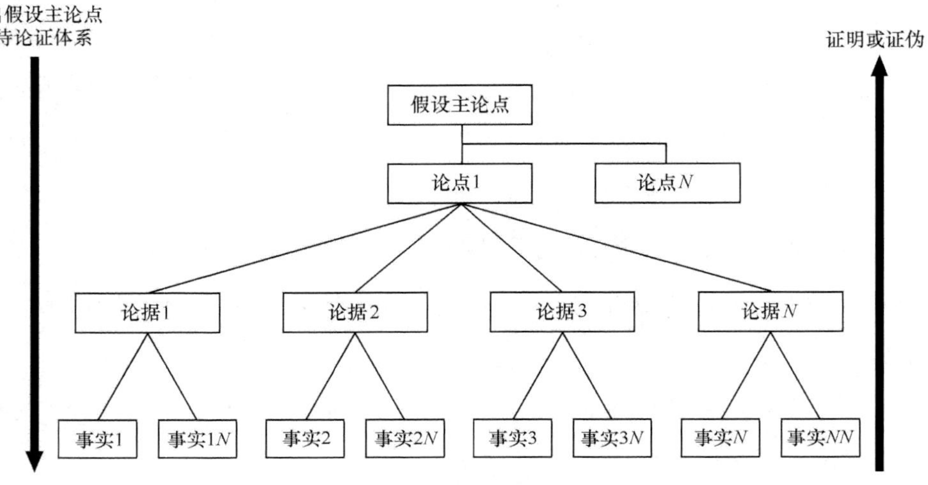

图 4-20　假设法工作原理

在定义核心问题之后，提出了关于问题本质的假设，但这个假设能否成立还不知道，因此接下来围绕假设主论点，要构建一个逻辑清晰的论证体系。这个论证体系从假设主论点出发，找到围绕主论点的若干个假设子论点，而每个假设子论点还必须要有若干论据去支持它，每个论据也需要采集若干事实。构建这样一个论证体系之后，就要开始调研分析，一点点去论证，最终证明、证伪或者修正假设主论点。

比如，我们现在运用U型思考来思考这样一个问题，为什么通信设备制造商加大了5G的技术研发投入？我们运用假设法来破一下这道题，可以直接抛出一个假设的主论点：5G是巨大的创新机遇。这只是一个假设，你要论证它的话，就要构建一个待论证体系，如图4-21所示。

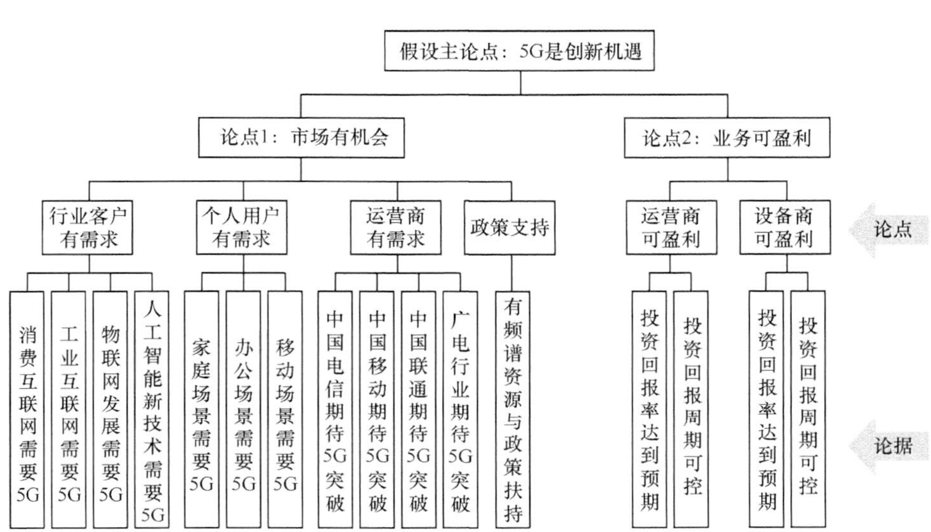

图 4-21　假设法工作原理示例

假设主观点可以分解为两个待验证的假设子观点，一是市场有机会，二是业务可盈利，如果这两点都被验证的话，那么假设主观点也就站得住脚了。

那怎么论证市场有机会呢？可以进一步将其细分为行业客户对 5G 有需求、个人用户对 5G 有需求、电信运营商对 5G 也有需求，同时政策也给予支持。这几个方面如果都成立的话，就直接论证了假设子观点。

以上每个假设观点都需要进一步论证，行业客户有需求，可以进一步分解为消费互联网、工业互联网、物联网、人工智能新技术等各个领域，都对 5G 有需求；个人用户有需求，可以进一步分解为家庭场景、办公场景、移动场景，来判断是不是每种场景下个人用户都有需求；运营商有需求，那就要依次看一下中国移动、中国电信、中国联通、广电等运营商对 5G 是不是有需求；最后还要看一下政策，相关监管部门对于 5G 的发展是不是在频谱资源、运营牌照、产业扶持方面给出了相应政策。以上的论点和论据体系得以验证的话，可以佐证子论点一：市场有机会。

要论证业务可盈利，也就是要论证整个产业链上都可以赚钱。首先 5G 产业链的核心电信运营商可盈利，这就要分析投资回报周期和投资回报率是不是能达到预期；其次做5G设备的厂商可以盈利，也要分析投资回报周期和投资回报率。这些分析可以佐证子论点二：业务可盈利。

如果以上的这些分析都成立的话，那么事实支撑了论据，论据支撑了子论点，子论点支持了主论点，5G是创新机遇这个假设主论点是可靠的；但是如果其中事实不存在、论据不可信、子论点不成立，那么假设主论点就不成立。这就是假设法的工作原理。

在假设法的使用过程中，通常涉及以下几个重点问题。

（1）高质量的假设从何而来？

高质量的假设依赖于积累。如果一个人具有良好的抽象思维习惯，善于举一反三，善于提炼规律，对很多问题的本质有预先判断，有了这样坚实的储备，提出的假设质量就会比较高。

（2）有了假设之后，如何构建严密的待论证体系？

由主论点、子论点、论据和论证逻辑所组成的待论证体系，结构上一定要独立穷尽，也就是对任何一个论点的表达和论证，加起来能够完整地覆盖这个问题，同时论点之间没有彼此交叉。论证要符合逻辑；论点的得出都要有坚实的逻辑支持；论据要扎实可靠，经得住检验。

（3）如何开展论证？

论证这个部分需要运用一些专业方法，沿着待论证体系的各个逻辑路径，开展调研分析，最终证明、证伪或修正假设主论点。专业方法包括一手研究方法和二手研究方法。其中一手研究法包括电话调研、深度访谈、焦点小组等方法，二手研究法包括数据分析、案头研究、标杆研究等方法。

分享一个运用假设法剖析汽车业转型的案例。今天，全球几乎所有的汽车企业都开始了转型之旅，新能源、智能化、无人驾驶、共享汽车、车后服务等成为汽车业新的关键词。但与此同时，很多汽车企业的转型并不顺利，无论在产品上，还是在市场上，很多都没有达到预期。汽车企业转型为什么艰难？接下来我们用假设法来推演一下。

我们直接给出一个假设主论点，即汽车企业转型的本质是从规模效应转向网络效应，这种巨大的模式转换使得汽车企业极不适应。

汽车业百年历史，汽车行业所运用的最主要的经济学原理，是规模效应理论，也就是生产规模越大，边际成本越低。过去 100 年，汽车行业几乎把规模效应运用到了极致。但随着汽车的电动化、数字化、物联网化，汽车的商业模式越来越多地从汽车销售变为对用户的智能服务，从封闭走向开放，从单边平台转向多边平台，从单一汽车企业转向了出行生态的搭建。本质上来看，汽车业越来越追求网络效应，也就是追求生态网络连接节点的数量和质量。汽车企业转型的不顺利，从根本上来讲，是从规模效应转向网络效应所表现出的不适应。

我们把这一点作为假设的主论点的话，必须要论证以下四个假设子论点，这四个子论点同时成立，假设的主论点才成立。

第一，汽车行业转型艰难，表现为在汽车企业中创新性业务占比较低，没有成为企业营收的主力。

第二，传统汽车业的商业模式本质是规模效应。

第三，未来汽车业的商业模式本质是网络效应。

第四，一家企业从追求规模效应到追求网络效应，难度极大。

以上就是围绕假设主论点的待论证体系，后面需要进一步运用专业方法，去逐一验证每个论点是否成立。如果所有的子论点都成立，那么就挖掘出了“汽车企业转型为什么艰难？”这个问题的本质。汽车企业转型艰难的本质是，需要从以规模效应为核心，转型到以网络效应为核心的商业模式。

再举个例子，假定一家企业现在的市场机遇特别好，自己的产品也很有竞争力，各个职能的人才配备也比较完整，但这家企业的营收规模就是做不上去。那为什么这家企业的规模做不上去呢？

围绕这个问题，基于我们的商业认知，可以先给出一个假设，企业始终没法扩大规模是由于企业的战略不清晰，认识不统一。

如果要论证这个假设主论点，需要论证以下几个子论点。

第一，在内外部条件都比较理想的情况下，企业能否扩大规模，关键取决于企业内部的协同力度。

第二，企业内部协同力度，取决于中高层对战略的理解是否清晰统一。

第三，当前企业中高层对战略的理解不够清晰统一。

这里待论证的逻辑是，由于中高层对战略的理解不清晰、不统一，因此影响了企业协同作战能力；由于协同作战能力弱，所以即便外部机会很好，企业还是无法集中资源打大仗，无法扩大规模。按照假设法，下一步需要进一步论证这几个子观点，从而验证对该企业问题的判断是否准确。

再分享一个案例，小米公司的手机业务做得很好，此外，小米的移动电源业务也做得很好。当时小米在决定进入移动电源领域的时候，决策团队就问过自己这样一个问题，移动电源这个业务的本质是什么？这相当于在U型思考【问】的环节问出了一个好问题。小米决策团队经过调研分析，初步得出一个结论，他们认为移动电源这个业务的本质，是核心元器件的尾货生意。也就是说移动电源产品本身同质性很强，产品能不能打开市场关键看价格。移动电源的价格取决于里面的核心元器件的价格。核心元器件的价格又取决于同期笔记本电脑电源模块的市场销售情况。要看这些元器件厂家首先供应给笔记本电脑之后，还有多少元器件尾货能供应给移动电源。如果尾货供应量大，那么价格就低，如果尾货供应量小，那么价格就高。

梳理一下小米决策团队的思考逻辑，他们的假设主论点是：移动电源生意的本质，其实是核心元器件的尾货生意。

如果要论证这个假设主论点，需要论证以下五个子论点：

第一，移动电源的同质性很强，谁能做得好，关键看价格；

第二，移动电源的成本主要取决于核心元器件的采购价格；

第三，移动电源与笔记本电脑电源的核心元器件相同，核心元器件供应商一般优先供应笔记本电脑电源，尾货供应给移动电源；

第四，笔记本电脑的销售情况，决定电源核心元器件是否存有尾货能供应给移动电源；

第五，尾货供应数量多少，直接影响核心元器件采购价格，进而影响移动电源成本和消费者购买价格。

事实证明，这五点都是成立的，小米决策团队对于移动电源业务本质的理解是准确而深刻的。基于这个本质理解，小米选择的业务破局时机，就是在某一年笔记本电脑严重滞销的时候。此时大量电源元器件积压卖不出去，价格大幅下滑，小米在这个时机大笔购入电源元器件，由于成本大幅降低，小米移动电源的销售价格就可以一举降到百元以下，从而迅速扩大市场份额，建立规模壁垒。在这个案例中，成功的商业结果源于深刻的本质思考，而深刻的本质思考源于假设法的有效运用。

总结一下，假设法和一般的正向思考方法不大一样，正向思考方法是从已知出发，一点点推向未知；但是假设法是一个从未知出发的思考方式，在未知处直接生成假设，再去证明或证伪；正向思考从起点出发，而假设法恰恰是从终点出发；正向思考是从能做的分析出发，而假设法从待验证的结果回溯。

用一句话归纳假设法的本质，就是“大胆假设，小心求证”。

每种方法都有自身的优势和劣势，假设法也不例外。

假设法的优势是，思维飞跃，大胆跳脱，但是它需要使用者具有非常好的洞察力和想象力。

假设法符合科学方法论思想，整个过程是一个逻辑严谨的可证伪过程。但是，它带来的挑战是，对于使用者的专业功力要求比较高，要有高质量的假设，要有严谨的论证体系，要有专业的论证能力。

假设法方向聚焦，直奔主题，效率很高。但是，人们潜意识总是倾向于自圆其说，总是想证明自己的假设是对的，这会干扰论证过程的严谨和公正。

我们在 U 型思考中【挖】这个部分，一共介绍了四种方法，分别是追问法、框架法、类推法和假设法。整体做一下总结，如表 4–2 所示。

表 4–2　挖掘本质的方法对比

	追问法	框架法	类推法	假设法
主要步骤	始于问题，连续追问 寻根溯源，直达根因	整体分析，搭建框架 逐块推进，聚焦重点	透视问题，寻找同构 抓取本质，迁移借用	以终为始，抛出假设 结构分解，逐步验证
主要优点	易于上手	框架严谨	思维飞跃	思维飞跃
主要劣势	缺少突破与颠覆	思考周期长且费力	并非必然	不易掌握

追问法又叫 5Why 法，它的特点是始于问题、连续追问、寻根溯源、直达根因。它的优点是易于上手，抱定追问法，它一定会帮你找到一个比较好的本质解。它的劣势是容易框定范围，不大容易让人产生飞跃式的、跳脱性的想法，缺少突破与颠覆。

框架法就是面对一个问题的时候，我们要整体分析、搭建框架、逐块推进、聚焦重点。它最主要的优点是框架的严谨性，它是所有方法的基础，体现了一个人逻辑思维的基本功。它的劣势是在具体解决一个问题的时候，往往思考周期比较长，对系统化思维要求比较高。

类推法是要找到问题 A 的本质时，先通过对另外一个领域问题 B 的本质分析，再把结论类推迁移到问题 A。它的优点是思维飞跃。不足之处在于，类推法的论证过程是一种或然性论证，而并非必然性论证。

假设法以终为始，抛出假设，结构分解待论证体系，最后逐步去验证。它的优点是思维飞跃，同时科学严谨。它的劣势是对一个人的专业功力要求比较高，不容易掌握。

“工欲善其事，必先利其器。”U 型思考，先问后挖，要想挖到事物的本质，就要对以上方法反复练习，真正掌握。

第 6 节　案例：熔炉

每个人在自己的生活或工作中，都会遇到各种各样的挫折。当前的工作不顺利，最近的业绩不好，周围人不认可……这些我们都有可能遇到。

人的本能是希望尽快摆脱挫折，因此往往会采用直线式思考问自己，我如何才能摆脱挫折？直线式思考的特点是直觉驱动，见招拆招。所以当我们以直线式思考看待挫折的时候，通常想到的答案是，要么逃离，换个工作环境；要么对抗，和挫折血拼到底；要么妥协，默认自己命该如此。但这样的选择，会让我们很笃定吗？

奥地利作家弗兰兹·卡夫卡（Franz Kafka）说过，"痛苦是客观的"。这句话怎么理解？一般来说，我们都认为痛苦是主观的，是人的一种感受，或一种情绪的反应。但假如我们把痛苦看成一个客观的事物，把痛苦想象为一件衣服，那么这种视角的转换会带来情绪的切割，它会让你用一种抽离的状态，理性、客观地面对痛苦。

如果仿写一下卡夫卡的名言，把它变成"挫折是客观的"，那么对待挫折，我们是不是也可以理性、客观、抽离地去面对？这种状态，其实正是运用 U 型思考的状态。我们可以运用 U 型思考，来剖析一下挫折，剖析一下自己。

U 型思考，【问】【挖】【破】【立】。我们从【问】出发，初始问题还是那个问题，我如何摆脱挫折？接下来，要开启 U 型思考的关键在于，要把 How 类型问题转变成 Why 类型或者 What 类型的问题，如图 4-22 所示。"我如何摆脱挫折？"可

以转换成为一个 What 类型的问题："挫折的本质是什么？"

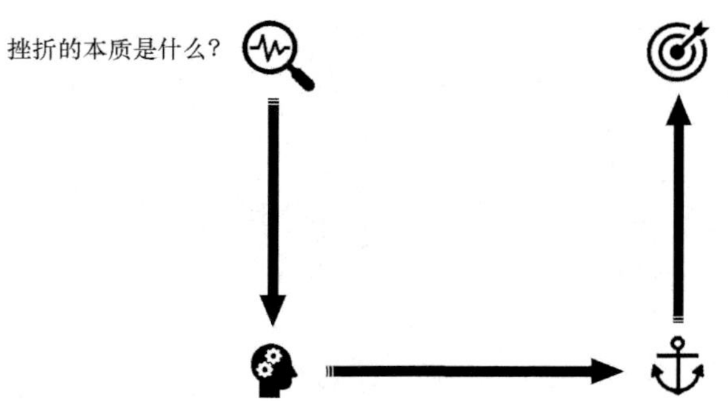

图 4-22　运用 U 型思考，定义核心问题

这是一个很深刻的挖掘本质的问题。我们可以考虑运用框架法来回答这个问题。那么就需要围绕这个问题搭建一个理论框架，然后运用这个框架来分析挫折的本质。

在接下来的分析中，我们采用的理论框架是：熔炉理论。

什么叫熔炉？熔炉指的就是带来人生重大变化的一些关键的事件。熔炉有几个基本的特点。

（1）一般是指挫折性事件或者不利境遇，甚至是危机乃至绝境。

（2）需要一个人采取前所未有的行动，展现出前所未有的态度，才能走出熔炉。

（3）熔炉经常会极大地激发一个人的潜力，使之展现出前所未有的能力和心智模式。

从东方哲学的视角来看熔炉，其正如《孟子》中的一段话："故天将降大任于斯人也，必先苦其心志，劳其筋骨，饿其体肤，空乏其身，行拂乱其所为，所以动心忍性，曾益其所不能。"东方哲学认为一个人要有大成就，承担大使命，就一定要承受艰苦的考验。这正是熔炉。

在西方文化视角下，也有对熔炉的思考。著名的神话学学者约瑟夫・坎贝尔（Joseph Campbell）在他的著作《英雄之旅》中，深度分析了各类神话背后的规律。坎贝尔发现，无论是哪里的神话，都遵循着同样的模式，如图 4-23 所示。坎贝尔把这个一致的模式称为“英雄之旅”：一个人，有一天听到召唤，然后走出传统的界线去冒险。在这个过程中他会遇到盟友，遇到导师，也会遇到敌人；会经历挑战与诱惑，甚至会遭遇到终极磨难。战胜了终极磨难之后，这个人赢得了内心的宁静和救赎，最终踏上归途。英雄之旅中的“终极磨难”，就是我们所说的“熔炉”。

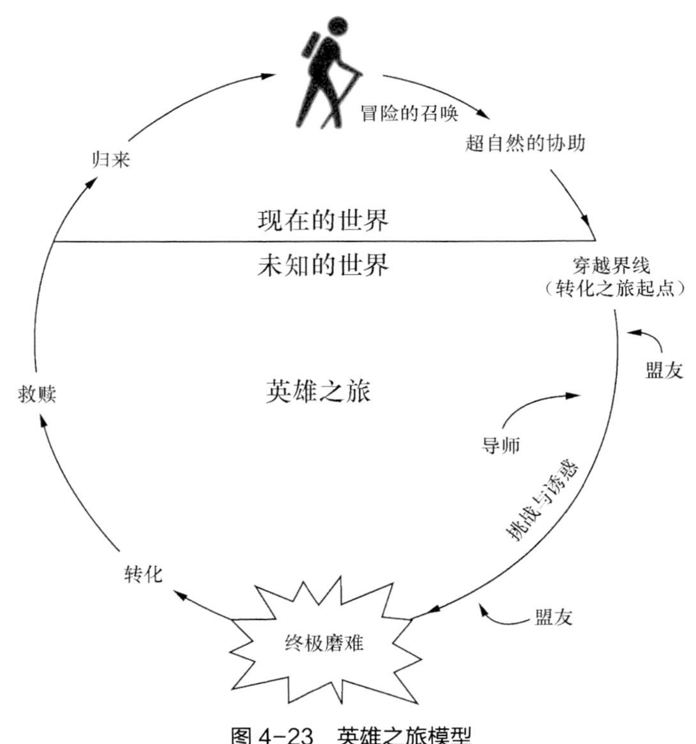

图 4-23　英雄之旅模型

熔炉理论，源自于我创作的另一本书《重生领导力：你的人生终将遭遇哪些熔炉》。在这本书中，我研究了 100 位企业家、职业经理人和创业者所遭遇的熔炉，包括具体的熔炉经历、如何走出熔炉、对待熔炉的对策和感悟等，由此搭建了熔炉理论框架。

在我的研究中，把人一生中要遭遇的熔炉，分成了四种类型。

第一类是困境熔炉。人在成长过程中所遭遇的压力和挑战，已经超出了既有的能力上限，这类熔炉我们称之为困境熔炉。在我的调研对象中，31% 的人一生中受困境熔炉影响最大，主要表现为没法打开局面、缺少机会或职业调整不适应。

第二类是坍塌熔炉。人所依赖的基础生存环境突然发生重大变化，给人造成重大打击，此类熔炉我们称之为坍塌熔炉。坍塌熔炉往往就是我们人生中的灾难。在我的调研对象中，12% 的人受这一类熔炉影响最大，主要表现为亲人故去、婚姻的变故、突然撤职或者生意的失败等。

第三类是迷失熔炉。人对于自己所追寻的方向、所从事的事情，有一天感觉厌倦或者质疑，产生了意义的困惑，这一类熔炉我们称之为迷失熔炉。25% 的受访者受迷失熔炉影响最大，主要表现为职业方向的迷茫、职业意义的困惑、兴趣和现实的冲突等，人一旦进入迷失熔炉就难走出来。

第四类是陷阱熔炉。它指的是在人的成长过程中，由于自身的主观原因造成的错误，从而对自身成长造成重大影响的熔炉。32% 的受访者受陷阱熔炉影响最大，包括性格短板、自我错误认知、行为不当等。

接下来，本节重点剖析困境熔炉，来看看熔炉理论带给我们的启示。

困境熔炉发生的典型场景是什么呢？根据受访者的反馈，我发现，困境熔炉的出现时间有显著规律，往往集中出现在一个人成长的拐点期，也就是人生处境发生显著变化的时候。正是由于处境变化，自己无法适应，因此困境随之而来。

在受访者中，74% 的受访者在“岗位调整”时遭遇困境熔炉。这里的“岗位调整”包括升职、降职或平级调动，可能是在企业前后端的变动，也可能是在集团公司总部与分子公司之间的调整。在岗位调整时普遍遭遇困境，这说明，职场人习惯于既有的职业轨道。当职业轨道突然出现变化的时候，面临新目标、新技能和新人际关系的挑战，大多数人没有做好准备，表现为不适、紧张与迷茫。考虑到商业环境正在进入一个越来越充满不确定性的时代，职场人发生岗位调整或

职业变动的频率将越来越高，这意味着越来越多的人将遭遇困境熔炉。

16% 的受访者遭遇困境熔炉发生在“求学或择业”期间，大多是在高考或大学毕业择业过程中遭遇一生难忘的困境。这一点很容易理解，在中国，高考进入什么样的大学，以及大学毕业是否能找到一份称心的工作，是影响未来职场“出身”的关键环节，这两个拐点处留给很多人刻骨铭心的记忆。在受访者中，有连续参加三次高考的，有在大学毕业择业时屡屡碰壁的，他们在那个时候经受的历练，很大程度上塑造了他们未来的道路和性格。

10% 的受访者遭遇困境熔炉发生在“组织变革期”，也就是这些受访者所在的企业发生了变革，一般是指企业的战略转型或组织结构调整等。一般而言，当一个组织发生变革的时候，许多积极的变革领导者往往会遭遇旧有习俗和文化的挑战。这些受访者即是如此。当他们准备励精图治，大干一场的时候，要么是自己的想法与旧有的流程制度冲突；要么是原有团队能力不能跟上变革的要求；要么是自己的变革主张遭到普遍反对。在职场中，很多人在变革期间遭遇到的压力、障碍、困惑之大，往往超出一般人的职场体验，这些挑战把他们推入熊熊燃烧的困境熔炉之中。

那么，走出了困境熔炉的人，他们在面对困境的时候，究竟做对了什么？

在所有走出困境的有效行为中，将近 45% 的行为是“积极学习”。当一个人陷入困境的时候，学习是有效的脱困之道。也就是在面对困境的时候不要放弃学习，要以积极的探索来走出困境。调研结果强有力地证明了这一点，调研过程中也有许多令人印象深刻的故事。

有一位受访者是一家企业的后端部门经理，他的困境熔炉出现在被任命为该公司的市场部经理之后。他要对经营业绩负责，但却对市场、销售、渠道等没有太多经验，用他自己的话说，就是感觉“心里发虚”。他认为自己这个状态是做不好这个岗位的。于是，他采取了一项在同级别管理者中很罕见的举动，主动请缨，下沉到一线县级公司挂职锻炼。在县公司锻炼的一年多时间里，他说“自己

像海绵一样不停地吸水”，掌握了丰富的一线实践经验。后来，他再次回到了公司市场部经理的位置上，此时的他信心倍增，工作开展得也很顺利。

另一位受访者，从企业职能部门经理的位置上调任到产品部门担任经理，他自己并非是学技术出身，但从现在开始要面对许多产品问题，并且要管理很多工程师，这是他接手新部门之后的困境熔炉。他狠下心来，自己缺什么就补什么。他要求自己必须坚持学习。从此，他每天三个小时自学技术，不懂就问，整整坚持了四年。此外，他自己花了很多钱，参加市场上的专业培训，还尝试自己写代码，甚至熟练使用电钻。在补好技术知识短板的同时，他在日常的管理工作中充分发挥领导力强的优势，把部门越带越好，自己也成为一个得到普遍认同的综合型管理者。

在我们的调研中，学习的具体形式不同，有向书本学习的，有向一线实践学习的，有向身边团队同事学习的，有向竞争对手学习的，但相同点在于，这些人都采取了扎实的、持续的和主动的学习行为，这对他们走出困境是至关重要的。

在所有走出困境的有效行为中，有 29% 的行为是“勇于为自己争取机会”，这些受访者都有过硬着头皮、想尽办法的经历。一个人走出困境，必须学会自己给自己创造机会，并在创造机会的过程中，发现自己的多种可能性。

在调研中，有一个案例令人印象深刻。一家大型民营企业的 COO，他的困境熔炉出现在大学毕业求职的时候。他出身农村，说话口音很重，自己当时也有自卑心理，大学期间不善与人交际，不敢出头，遇到事情尽可能向后躲。在大四将要毕业找工作的时候，由于他学的是冷门专业，加上不擅与人沟通，因此求职很不顺利。他心里极为焦虑，甚至整晚睡不着觉。在他和班里同学参加了某企业的一次笔试之后，他又一次落选了，而班里同学获得了参加面试的资格。这个时候，他做出了一个对他来说非常艰难的决定。他决定厚着脸皮，陪着班级同学到那个企业去试试，去求人家再给他一次面试的机会。最终的结果是，人家给了他一次面试机会，而他也凭借这次面试，拿到了那个企业的 offer。这位受访者认为，

这是他一生中到目前为止最大的熔炉，通过这件事情，他对自己有了新的认识，那就是他可以做自己以前从没做过或并不擅长的事情。新认知塑造出他对于职业的新价值观。

还有一个与之类似的案例。一家国有企业的部门经理认为，对他的一生有深刻影响的熔炉事件发生在大学三年级暑期。当时他到一家全球知名的外企去参加实习面试，希望能获得在这家世界 500 强企业的实习资格。对方业务部门的一位经理对他进行了面试，但最终拒绝了他。当他走到门口的时候，恰好看到这个部门有近百台新计算机到货。他主动向该部门经理提出，自己安装计算机很熟练，可以留下来帮忙安装。在忙碌了整整一天之后，他协助安装了很多台计算机，正准备告别的时候，对方通知他，下周他可以来公司实习了。这位受访者之所以选择这件事作为非常重要的熔炉事件，原因就在于这件事教会他一个道理，那就是机会必须要靠自己争取得来，或者说，努力争取才会有机会，这已经成为他职业价值观的一部分。

在所有走出困境的有效行为中，有 24% 的行为是“积极推动团队变革”，这部分受访者采取了变革举措来帮助自己和团队走出困境。在团队整体面临困境的时候，需要积极开启变革，以“变”脱“困”。

有一位受访者，在调任去负责一个新部门的时候，发现该部门人员缺乏激情，更谈不上创新和转型。他想了很多办法也无法调动团队的斗志。最后，他决定向团队内部引入“鲶鱼”。一方面，他引入外包团队来负责部门的部分业务，这使得原来的一些人面临无事可做的尴尬。另一方面，他开始大刀阔斧地推行团队内部的奖勤罚懒制度，在团队引入优胜劣汰。逐渐地，这个团队的风气有了很大的扭转，部门整体业绩得以改善。

还有一位受访者，他供职于一家国有企业，担任某地市分公司总经理。他发现造成客户投诉多、口碑差的重要原因是，既有的业务流程极为烦琐，对客户来说很不方便。他决定把整个前端面向客户的业务流程进行大幅度调整，并通过 IT

系统固化，这将有助于增加客户满意度。但囿于国有企业的机制，他的变革方案在向省公司相关部门报批的过程中，拖延时间很长，迟迟没有回复。时间不等人，他一方面推动方案审批，一方面获得省公司相关资源部门的配合，把工作启动起来。最终，他的变革方案在本地顺利推行，极大地改善了客户口碑，并作为标杆案例在省内全面铺开。

以上两个案例，告诉我们，只是坐等是没有意义的，唯有变革才能走出困境。

在所有走出困境的有效行为中，有 17% 的行为是“转变看人看事的视角”。这部分受访者在遭遇人际困境的时候，通过内向的反思和改变，重新修复与周围环境的关系，并从中获得继续前行的新动力。如何破解人生中的困境，往往取决于一个人如何看待它，这是成长的必修课。

有一位优秀的民营企业职业经理人，被提升进入公司核心管理层，并加入该公司董事会。但随着管理层级的提升，他开始遭遇人际困境。他以往习惯于带着与自己价值观和行为模式一致的“兄弟们”去打拼努力。但是，现在他必须要和一些文化背景不一致、价值观不一致的人结为团队并共事，并且，他没有绝对的权力去改变这个层面的游戏规则和文化，这让他感到很焦虑，很不适应。这位受访者后来的思考结果是，在遇到人际困境的时候，不要总是目光狭窄地盯着事情本身，这样永远也走不出来。他认为，需要改变的是自己的视角，包括自己看待别人、看待职业环境、看待职业挑战的角度。

他对自己的要求是，要站在更高层面上看待和包容，把这段经历视为自身成长的一个过程，从组织目标而非局部利益角度去俯视矛盾，在过程中升华自己，逐渐寻求与董事会成员求同存异式的协作。努力的结果是，他逐渐摆脱了刚刚加入董事会时的被动和孤立，摆脱了过去作为中层管理者的局部视野，变得更有大局观，更善于站在公司全局考虑问题和看待利益。这样的变化，使他赢得了更多同盟者，具有更大的影响力。

在我们的研究中，对于走出困境熔炉来说，“积极学习”“勇于为自己争取机会”“积极推动变革”“转变看人看事的视角”是具有共性特征的有效行为。这些有效行为的百分比累积超过 100% 的原因是，几乎每位走出困境熔炉的人，都采取了不止一项有效行为。换言之，如果你遭遇了困境熔炉并想走出来的话，“积极学习”“勇于为自己争取机会”“积极推动变革”“转变看人看事的视角”这几件事情你大部分要试一试。

困境熔炉带给人最大的改变究竟是什么？那就是走出了困境熔炉的人，往往改变了自己对于恐惧的态度。

经历困境熔炉之前，人们对于决策的认知往往是：“由于我没有经历过，我不敢确保我的抉择是最优的。或者说，在某个隐藏的角落中，有一种最佳的抉择，但我无法找到它。”

在经历了困境熔炉之后，人们对于决策的认知变成了：“我没有经历过，但我深知，无论哪种抉择都有它的风险和代价，我别无选择，我必须要做出决策。”

也就是说，并不是因为经历过困境熔炉，人们就不恐惧了。而是在经历过困境熔炉之后，人们学会了要与恐惧同行，不要再躲避恐惧，要在恐惧中做出决策并采取行动。因此本质上来说，困境熔炉帮助我们打破了对于恐惧的恐惧，这就是困境熔炉带给我们的价值。

总结一下，对于熔炉理论的研究，有一些基本的结论。

第一，人的一生中，无论你愿意不愿意，早晚会遇到熔炉；

第二，熔炉会让你倍感痛苦，饱受煎熬；

第三，你走出熔炉的过程，将会让你变得更为强大。

山本耀司曾说过这样一段话，很好地阐释了熔炉的价值，他说：“自己这个东西其实是看不见的，撞上一些别的，反弹回来，你才会了解自己。所以跟很强的东西、可怕的东西、水准很高的东西相碰撞，你才知道自己是什么，这才是自我。”

以上是对熔炉理论的介绍，接下来让我们回到 U 型思考。

在本节开始的分析中，我们提出了一个问题，挫折的本质到底是什么？并由此开启了 U 型思考。我们先问后挖，在挖掘本质的过程中运用了框架法，以熔炉理论构建了一个分析框架。那么现在可以得出结论，挫折的本质是什么？挫折就是熔炉，如图 4–24 所示。

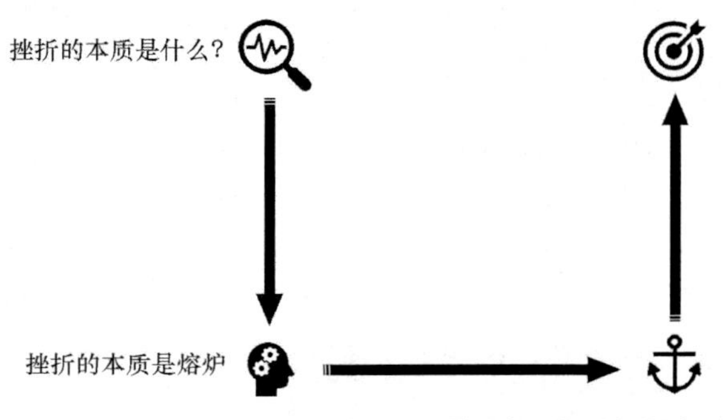

图 4–24　运用 U 型思考，洞见问题本质

接下来，基于这样的问题本质认识，提炼出我们对待挫折的本质解：成长就是要不断穿越熔炉，穿越熔炉的过程将给我们带来成长，如图 4–25 所示。

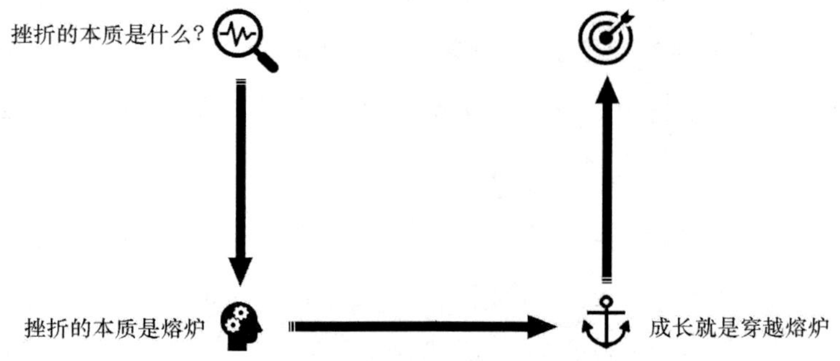

图 4–25　运用 U 型思考，发现本质解法

有了本质解之后，如何把这样的本质解转化为可操作的策略或举措呢？这时候我们可以再次借鉴熔炉理论的研究结论。以困境熔炉为例，走出困境熔炉的有效动作包括“积极学习”“勇于为自己争取机会”“积极推动变革”“转变看人看事的视角”，这些动作都能够帮助我们穿越困境熔炉，如图 4–26 所示。

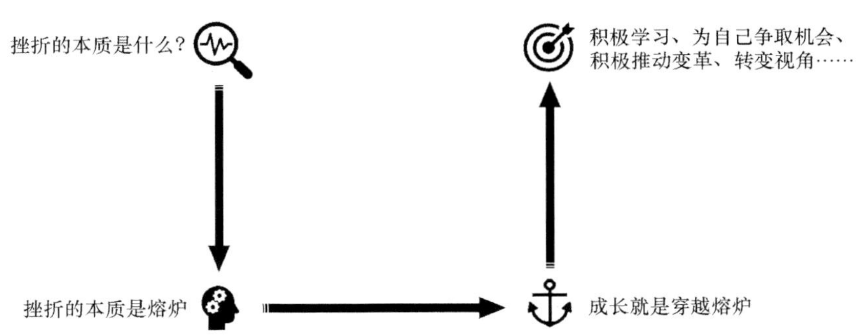

图 4-26　运用 U 型思考，理性对待挫折

回顾一下，在 U 型思考过程中，我们是这样做的。

【问】把一个 How 类型的问题“我如何摆脱挫折？”转变成一个 What 类型的问题“挫折的本质是什么？”

【挖】运用框架法，搭建了一个熔炉理论框架，对挫折的本质进行挖掘。得出的结论是，挫折就是熔炉。

【破】明确了本质解，成长就是一次次穿越熔炉。

【立】穿越熔炉需要采取有效动作。

借助 U 型思考和熔炉理论，我们对挫折形成了更深刻的认识。熔炉，是我们人生中不可回避的关键时刻。希望在这样的关键时刻，能够洞察挫折本质，采取有效行为，真正穿越熔炉。正如雨果所说：“人生下来不是为了拖着锁链，而是为了展开双翼。”

第 5 章

U 型思考之【破】：找到你的“一”

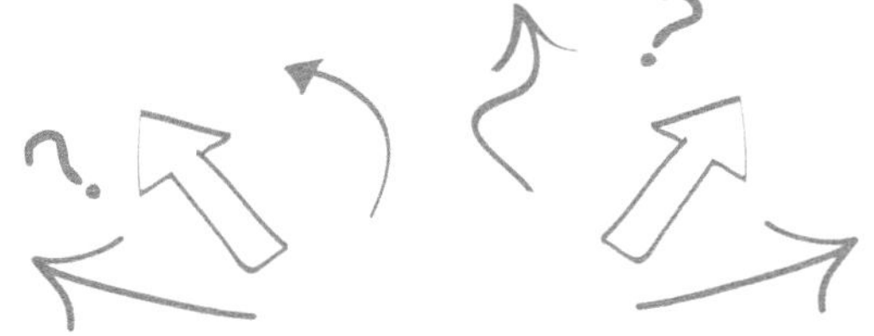

> 君子务本，本立而道生。
>
> ——《论语·学而》

第 1 节　笃定的来源

一个人只是为了做事而做事，其实内心是不笃定的。

一个人只有知道为什么要做这件事，内心才笃定。

一个人在做一件事情之前，要找到自己坚信的道理，然后坚定地按照这个道理去做事。这个道理，就是这个人在这件事情上的本质解。通俗地讲，本质解就是一个人做事的"主心骨"。

U 型思考中的本质解，是指我们在某个领域的中心思想、指导原则或内心定见，如图 5-1 所示。有了本质解，才有后续的一切。就像树一样，必须先有树根，才能长出树枝、树叶。

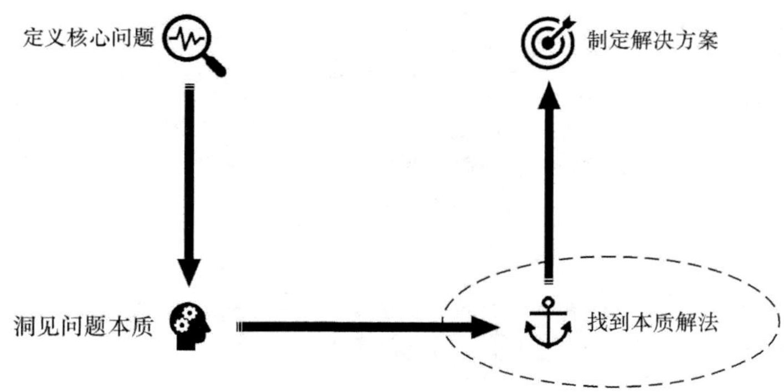

图 5-1　U 型思考中的本质解

回顾一下在 U 型思考中，得到本质解之前的两个环节。

在【问】环节，用 Why 或 What 类型问题，定义核心问题，开启本质思考。

在【挖】环节，用追问法、框架法、类推法和假设法这四种方法，挖到问题的本质。问题的本质通常表现为，一个问题的主要症结、主要矛盾、主要规律。

《道德经》里有这样一句话,“道生一,一生二,二生三,三生万物”。做一个类比，如果把 U 型左下角的问题本质，称之为“道”的话，那么基于这个“道”，就可以生“一”。这里的“一”，就是 U 型右下角的本质解。找本质解，也就是找“一”的过程，如图 5-2 所示。

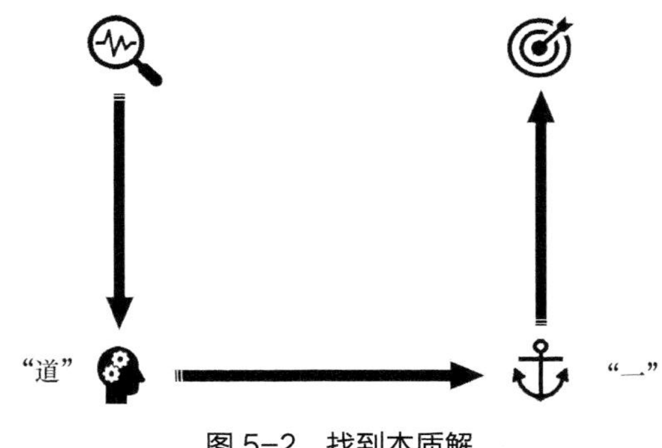

图 5-2 找到本质解

具体来说，在【破】这个环节，到底如何找到本质解呢？

回顾一下，我们在 U 型思考的前一个环节中得到了什么？

我们得到了对于问题的本质理解，也就是问题的主要症结、主要矛盾或者主要规律。下面我们分门别类地回溯一下。

问题的主要症结，指的是问题背后的症结和病根，如：

【问】我的思维为什么不深刻？【挖】缺少提出好问题的能力。

【问】企业为什么陷入困境？【挖】战略不清晰。

【问】为什么茶叶行业高度分散？【挖】行业停留在农业时代。

问题的主要矛盾，指的是问题要素之间的冲突，如：

【问】我的职业为什么不顺利？【挖】渴望成功与兴趣分散的矛盾。

【问】为什么书店不盈利？【挖】用户的场景新需求与书店的卖书旧业务之

间的矛盾。

【问】为什么企业的销售规模上不去？【挖】企业上规模的要求和过度依赖于明星销售之间的矛盾。

问题的主要规律，指的是问题背后的底层逻辑或发展趋势，如：

【问】爆款产品最关键的是什么？【挖】找到用户未被满足的需求。

【问】移动互联网下一波的红利是什么？【挖】AI+ 短视频 + 社交。

【问】职场外包增多的本质是什么？【挖】大规模自由职业者时代。

本质解，就是基于前一个环节的问题本质，有逻辑地推导出我们在这个领域的中心思想、指导原则或决策定见。

问题本质是本质解的逻辑前提，本质解是问题本质的必然推导。问题本质既然有三类，我们对应得出本质解的方法就有三种。

面对问题主要症结的时候，我们采用“破界法”；面对问题主要矛盾的时候，我们采用“升维法”；面对问题主要规律的时候，我们采用“优势法”。这三种方法在使用的时候，按图索骥地操作就可以了。

第一种方法是破界法。破界法的核心是“反其道而行”。因为我们挖出了问题本质，发现了阻碍发展的症结、病根、障碍，那么本质解只需要向这些症结、病根、障碍的相反方向思考就好了，如图 5-3 至图 5-5 所示。

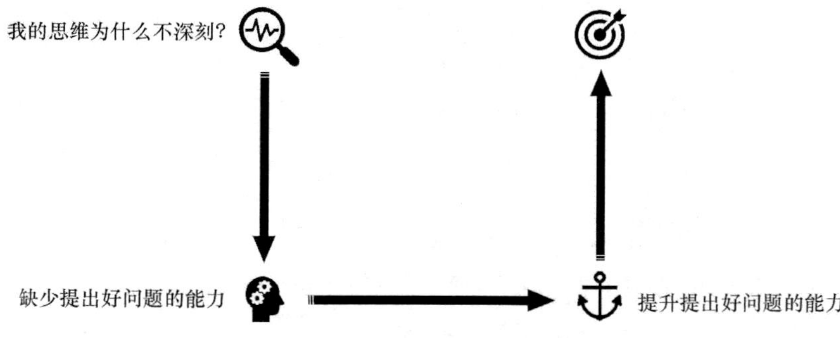

图 5-3　用破界法找本质解：思维提升

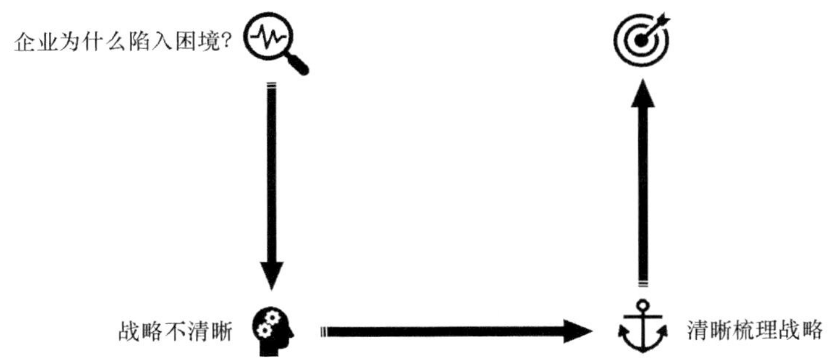

图 5-4 用破界法找本质解：公司脱困

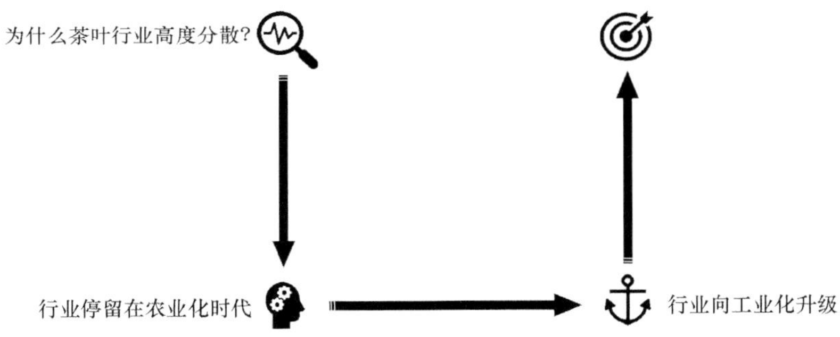

图 5-5 用破界法找本质解：行业创新

在图 5-3 至图 5-5 中，右下的本质解，都是对于左下问题本质的“反其道而行”。左下的问题症结提炼得越精辟，右下的本质解就越准确。

第二种方法是升维法。升维法的核心是，从问题原有的矛盾对立中跳出来，进入一个更高维度寻找解决方案，如图 5-6 至图 5-8 所示。

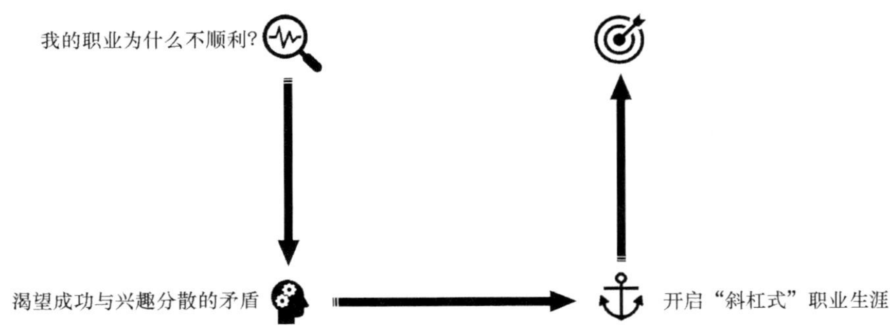

图 5-6 用升维法找本质解：职业规划

为什么职业不顺利？是因为渴望成功与兴趣分散的矛盾。所有人都说，要成功只能专注于做一件事。但是，我恰恰又是一个兴趣和专长非常分散的人。两者之间的矛盾，似乎无解。如果能跳出非A即B的矛盾对立，在一个更高维度上寻求答案，也许会有办法。有没有一种职业方式，既能施展我的多种特长，又能给我带来成功呢？

也许“斜杠式”职业生涯就是我需要的答案。所谓“斜杠式”职业，就是改变传统的、一个人只能做好一种职业的认知。如果兴趣和专长比较多，再加上互联网带来的效率提升，那么一个人是可以兼容几个职业，这就叫作斜杠式的职业生涯。当然，我们尽量寻求这几件事情中间的某种协同关系，以提高自己的效率。这就跳出了原来的矛盾冲突，找到了职业上的新的本质解。

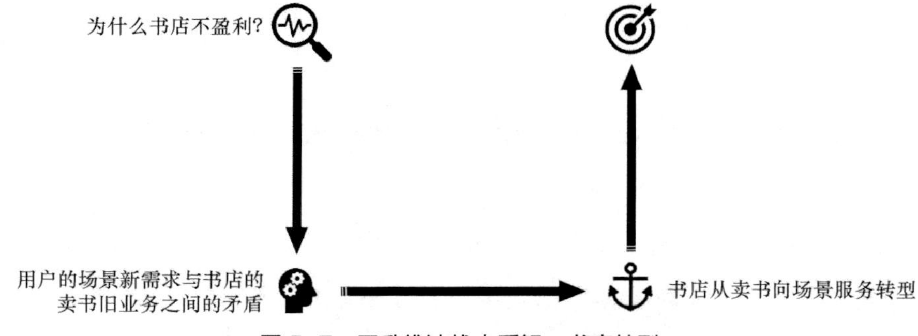

图 5-7　用升维法找本质解：书店转型

为什么书店不盈利？一方面，绝大部分书店仍然靠卖书获利，但消费者已经越来越不在书店买书，而是到互联网上买书了；另一方面，很多用户仍然去书店，但目的已经不是买书，而是寻求在书店中学习、阅读、社交、亲子的场景。显然，书店的传统供给与用户的新需求之间出现了明显的矛盾。这时候，书店应该从原有的维度中跳出来，站在更高维度重新思考，书店的本质是什么？书店应该满足用户未被满足的需求，提供学习的场景、阅读的场景、社交的场景、亲子的场景，书店的本质不仅仅是卖书，更是一个场景服务提供商。书店对原有矛盾的升维思考，可以为自己的战略转型找到出路。

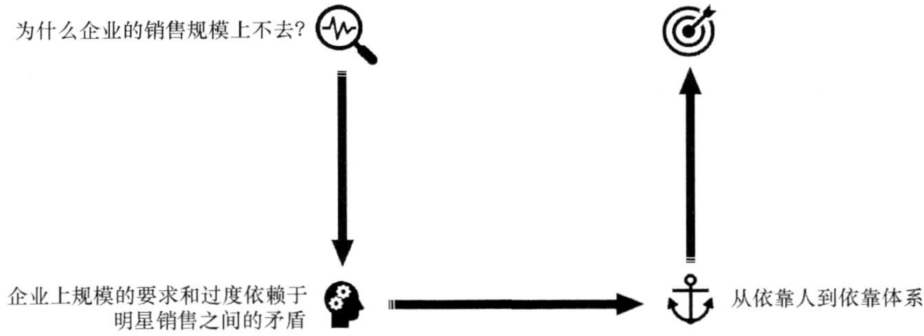

图 5-8　用升维法找本质解：销售能力

为什么企业销售规模上不去？是因为企业一方面要规模发展，但另一方面又过于依赖个别的明星销售人员。要改变这一点，就要跳出原有的模式，重新定义企业的销售能力是什么，从依赖个人转变为依赖体系，从以往靠几个明星销售转变为培养出整个团队，从以往靠极度勤奋转变为靠数字化智能化工具，从以往靠人转变为以后要靠机制。

第三种方法是优势法。优势法的核心是把对规律和趋势的判断，与自身的优势能力充分结合起来。由此得到的本质解往往既深入又可行，如图 5-9 至图 5-11 所示。

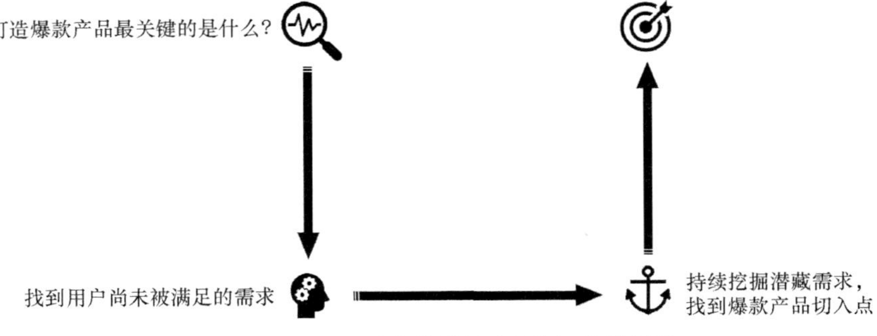

图 5-9　用优势法找本质解：打造爆款

打造爆款产品最关键的是什么？是挖掘用户尚未被满足的需求，这是一个关于规律的认识。假定有一个产品经理，发现自己有一个天赋，就是对于用户洞察格外敏锐。他职业下一步的本质解，就是充分发挥自己的洞察力天赋，深度挖掘

用户潜藏的需求，帮助团队找到好产品的切入点。

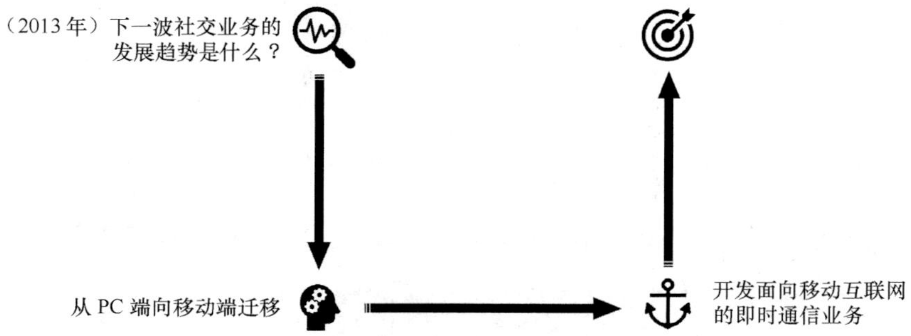

图 5-10　用优势法找本质解：设定战略

2010 年，担任腾讯广州研发部总经理的张小龙一直在思考，对于社交业务来说，下一波趋势变化的本质是什么？他认为，社交业务必然从 PC 端走向移动端。移动互联网将来会有一个新的通信工具，而这种新的通讯工具很可能会对 QQ 造成很大威胁。2010 年年底，张小龙给马化腾发出一封邮件，建议腾讯做面向移动互联网的即时通信软件，保持腾讯在社交赛道的领先地位。马化腾很快回复，赞同张小龙的想法，并且让其作为负责人带领腾讯广州研发部启动这个项目。这个项目，就是我们今天所有人都很熟悉的微信。2012 年，微信已经积累了 2 亿用户。2014 年，腾讯成立微信事业群，张小龙成为该事业群总裁，微信业务也成为腾讯的移动互联网主战略。

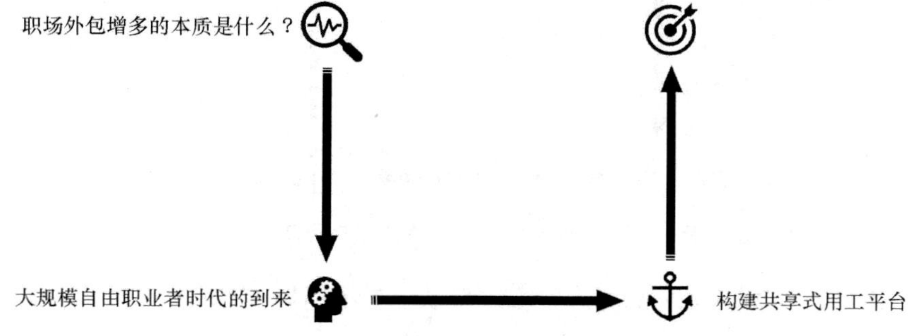

图 5-11　用优势法找本质解：捕捉机遇

职场外包增多的本质是什么呢？是大规模自由职业者时代的到来。假定有一

家互联网公司，特别擅长开发并运营这种资源外包类的业务架构，那么其完全可以把优势能力与社会趋势结合起来，作为下一步产品思路的本质解：构建共享式用工平台。

本节介绍了找到本质解的三种方法。

破界法：看到问题的本质症结，向相反方向思考，就可以找到本质解。

升维法：看到问题的内在矛盾，跳出矛盾对立，在更高维度上寻求创新，就可以得到升维思考后的本质解。

优势法：看到问题背后的规律和趋势，要把这个客观判断和主观优势相结合，得到更可行的本质解。

无论采用哪种方法，我们一定要找到自己的本质解。

本质解是一个人内心笃定的源泉。

君子务本，本立而道生。

第 2 节　破界法：反其道而行

U 型思考在“找到本质解法”这个环节中，有一个重要的方法是破界法。破界法鲜明地体现了不破不立的特点。

在前一个环节“发现问题本质”中，我们发现了问题本质，其表现为主要症结、主要矛盾或主要规律。其中，主要症结指的是造成问题的根本性成因，通俗讲就是问题的“病根”。接下来，从“问题主要症结”找到“本质解法”，对应的方法就是破界法，如图 5-12 所示。

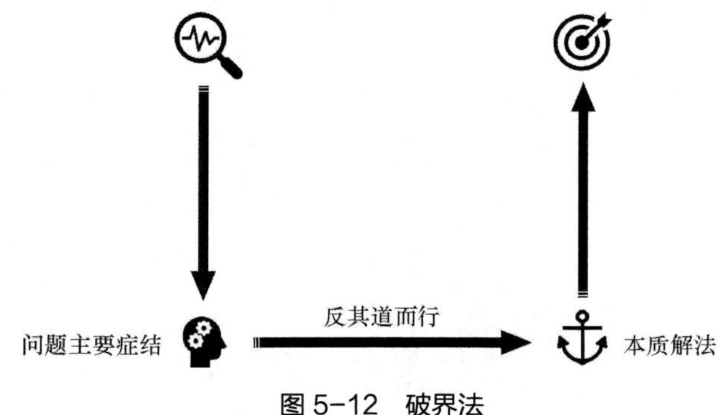

图 5-12　破界法

破界法是针对问题主要症结的“反其道而行”，也就是说问题的病根已经看到了，接下来朝相反方向思考就好了，就能找到解决问题的本质解。

例如，很多人工作很辛苦，经常加班，但为什么工资很低？根据微观经济学

常识，任何商品的价格都是由市场上该商品的供给和需求决定的。每个职场人的工资，如果从经济学意义上看，相当于所有创造同类价值的人作为供给侧，所有雇主企业作为需求侧，供给和需求的平衡点，最终决定了劳动力的价格，也就是工资。通俗讲，如果你能做的工作是行业的独一份，没法替代，那你的工资一定低不了。如果你能做的事情，很多人都能做，那你的工资高不了。

所以，为什么很多辛苦工作的人，工资并不高？因为辛苦代表不了价值，也决定不了工资的高低。问题主要症结在于你所从事的工作可替代性太强。根据破界法，问题主要症结的相反方向是什么？你应该让自己变得很难被替代，或者说让自己变得更稀缺，这才是提升自己工资的本质解，如图 5-13 所示。

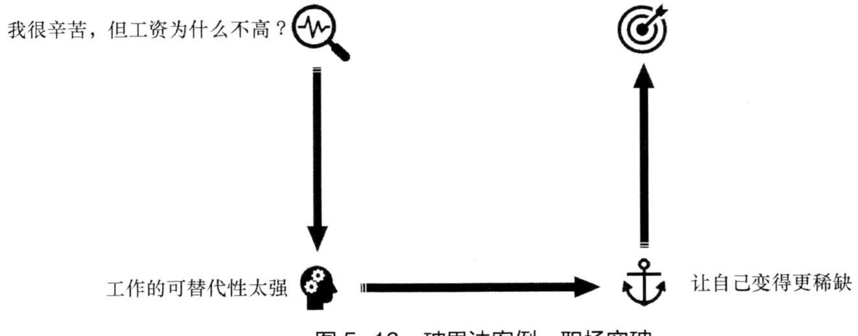

图 5-13　破界法案例：职场突破

很多担任团队领导的人，工作风格非常勤勉，亲力亲为，但是往往团队的整体绩效并不好。这个时候要反思一下，我为什么没有带好这个团队？症结就在于太过事必躬亲，没有学会授权。带团队需要的是给每个团队成员赋能，带动整个团队的成长，而不是团队领导一个人猛打猛冲。问题的主要症结找到了，相反方向的思考是什么？事必躬亲的反面是什么？是掌握领导力，学会带团队，学会使众人行，通过驱动团队努力，来达成组织目标，如图 5-14 所示。

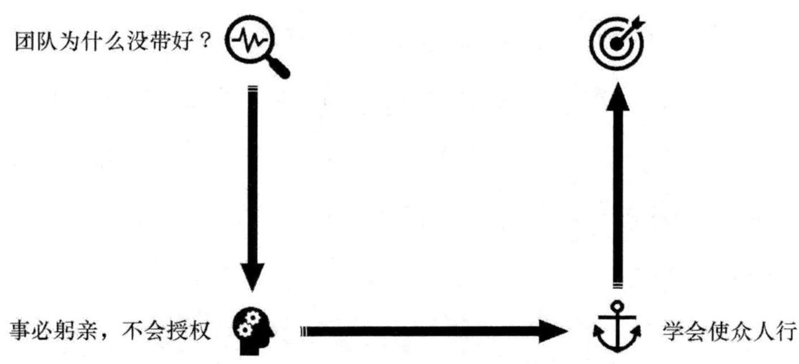

图 5-14　破界法案例：领导力

中国茶叶行业的总规模超过 3000 亿元，但是最大体量的企业规模不超过 30 亿元，7 万多家茶厂绝大部分的年产值不超过 500 万元，为什么这个行业高度分散且没有巨头企业？挖掘本质可以发现，制约中国茶叶行业的主要症结是，茶叶行业其实还停留在农业时代，表现为消费侧的传统古旧；制造侧严重非标，没有实现工业化大生产；原材料侧的采摘效率不高，缺少规模效应。整体来说，茶叶还停留在农业时代。问题的主要症结找到了，那么农业时代的相反方向是什么？那就是推动这个行业的工业化升级，具体表现包括消费侧的品牌化、制造侧的自动化、原材料侧的集约化等。这是茶叶企业战略创新的一种本质解，如图 5-15 所示。

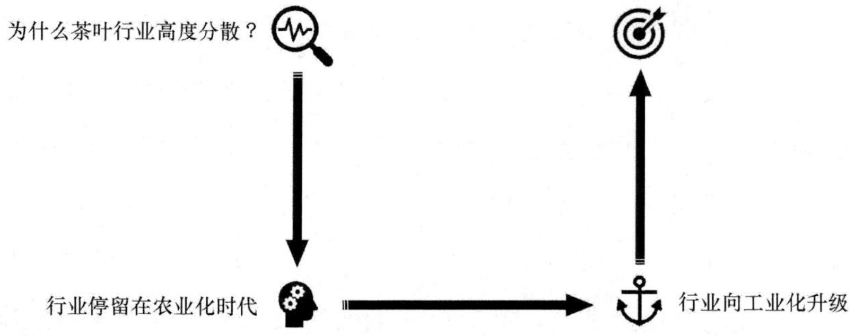

图 5-15　破界法案例：茶叶行业创新

传统的互联网内容平台在进行内容分发的时候，其业务本质是什么？可以总结出来三点：编辑推荐，哪些内容可以推荐到首页或头条，都是由编辑来遴选；

聚焦头部，越是“大 V”、明星、网红，越能获得更多的流量；专业生产，这些内容平台为了确保内容质量，鼓励专业人士来创造内容。这样的模式在 PC 互联网时代很正常，但是进入移动互联网时代之后，每个人的内容创造能力前所未有地增强了，而内容平台所遵循的旧有模式，事实上限制了移动互联网时代更多用户更深度地参与。看到了问题症结，那么移动互联网时代的内容分发朝相反方向思考，可以看到什么？传统内容平台是由编辑推荐内容的，那么相反方向是让机器用算法来推荐内容；聚焦头部，把主要流量都给了“大 V”、明星、网红，那么相反方向就是对普通用户的普惠，给普通用户流量，让他们有露出的机会；专业生产的相反方向是用户生产，移动互联网时代的内容创作门槛，事实上也在不断降低，每个普通用户都可以参与内容生产。因此，机器推荐、流量普惠、用户生产，成了移动互联网时代普遍的战略选择，如快手、抖音、B 站等，如图 5-16 所示。

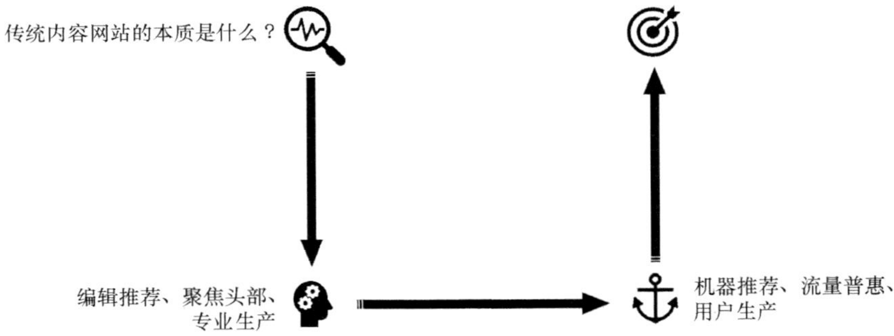

图 5-16　破界法案例：新型内容分发

破界法并不难理解，需要注意它的几个特点。

（1）破界法得出的本质解，往往是朴素的常识。

很多时候，破界法所做的，其实只不过是把问题的症结纠正过来，从错误调整为正确，从违背常识到回归常识。比如前面的案例，不会带团队的症结是事必躬亲、亲力亲为，反面是激励人心、使众人行，这是作为一名领导者应该懂得的常识。这说明，今天在这个世界上还有许多非常识的、谬误的东西存在，只不过我们似乎已经习以为常了，因此通过 U 型思考，让这些非常识的、谬误的认知显

现出来，再回归常识就好了。越是朴素的常识，越是让人笃定和坚持。

（2）破界法破除的是旧有的模式、惯例和观念。

如前面的案例，中国人今天喝茶、制茶、采茶的方式，和几百年前的古人差别并不大。当然，一方面，宝贵的文化习俗应该传承；但另一方面，茶叶是否永远就是这个样子？为什么越来越多的年轻人选择了咖啡或奶茶？茶叶行业是否像其他行业一样需要革新？

制约事物发展的主要症结，往往是旧有的模式、惯例和观念。破界法向问题症结的相反方向思考，就是要打破旧有的模式、惯例和观念，就是要“不破不立”。不破不立，才能创新。

（3）破界法要用好，需要有一定的知识储备。

当你把问题的症结看到了，然后你的思维向相反方向运动，这就意味着，你的知识要能够覆盖这个领域，你得知道这个问题症结以及它的反面是什么。

此外，对商业领域的基本概念要清晰。如前面的案例中，要具备对领导力的基本知识，否则领导力案例的边界就很难打破。还有工资这个案例，使用者至少要懂得微观经济学的一个基本道理，就是供需决定价格。像这样的基础知识、基本概念，是应该掌握的。

同时，要掌握商业上的一些基本规律。比如行业的发展，一般来讲是从农业时代演进到工业时代，再演进到服务业时代。如在分析茶叶行业这个案例时，至少要知道农业化的下一代应该是工业化，工业化的主要特点就是大规模、标准化、自动化等，这些基本的知识要掌握。

最后整体回顾一下破界法，当我们洞察到问题主要症结的时候，可以清晰地看到一个“旧世界”的旧有围栏；当我们找到本质解法的时候，其实是击破了“旧世界”的围栏束缚，为进入“新世界”搭建了桥梁。破界法推动我们的思维从U型思考的左侧，进入U型思考的右侧，这一刻我们完成了一次认知飞跃，从一个认知的“旧世界”，跨入一个认知的“新世界”，如图5-17所示。

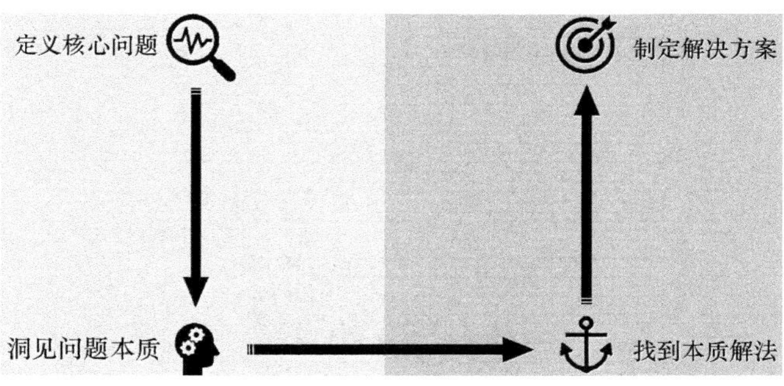

图 5-17　破界法的本质：从“旧世界”飞跃到“新世界”

第3节　升维法：发现新维度

升维法是通过提高思考维度，找到本质解的方法。

既然是升维法，那我们就先解释一个基本的概念：什么是维度？事物具备各种各样的属性特征，对于这些属性特征分门别类，按类别进行划分，这些不同的类别就是维度。

例如，我们在描述一个物体的时候，重量、质量、速度、温度、位置、构成、结构、性能等，都是描述该事物的维度。我们在描述一个人的时候，性别、国别、民族、身高、体重、学历、收入、职业、性格、能力等，都是描述这个人的维度。我们在描述一个组织的时候，收入规模、人员规模、所属行业、所在地域、主要业务、组织结构、核心能力等，都是描述该组织的维度。

那什么是升维呢？在描述一个事物的时候，如果只用一个维度描述事物就叫一维，用两个维度来描述就叫二维，用三个维度来描述就叫三维，以此类推。如果用图形方式表示维度，那么一条轴线就是一维；两条垂直的轴线就构成了坐标系，这就是我们通常所说的二维；如果坐标系除了X轴、Y轴还有Z轴，立体地来描述一个事物，那么这就是三维，如图5-18所示。描述事物的维度增多，就是升维。

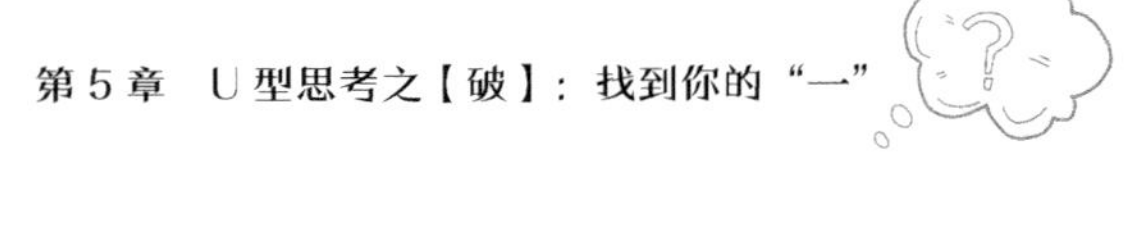

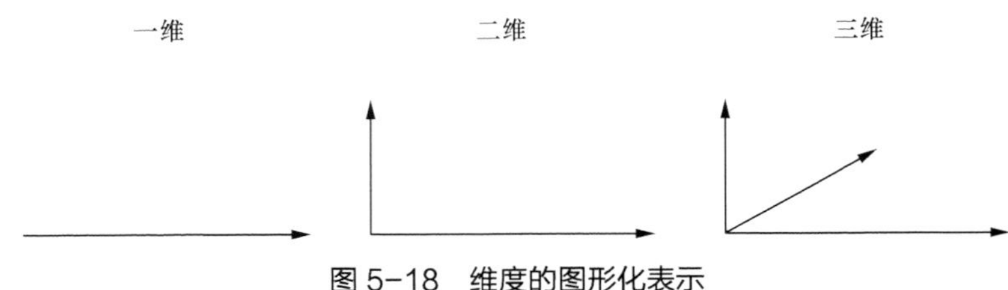

图 5-18　维度的图形化表示

那什么是 U 型思考中的升维法呢？

在前一个环节“发现问题本质”中，我们发现了问题本质，其表现为主要症结、主要矛盾或主要规律。其中，主要矛盾指的是构成问题的要素之间的对立冲突。这时候，需要从既有的矛盾中跳出来，用更高维度去分析矛盾，找到更高维度的本质解，这个方法就是升维法，如图 5-19 所示。

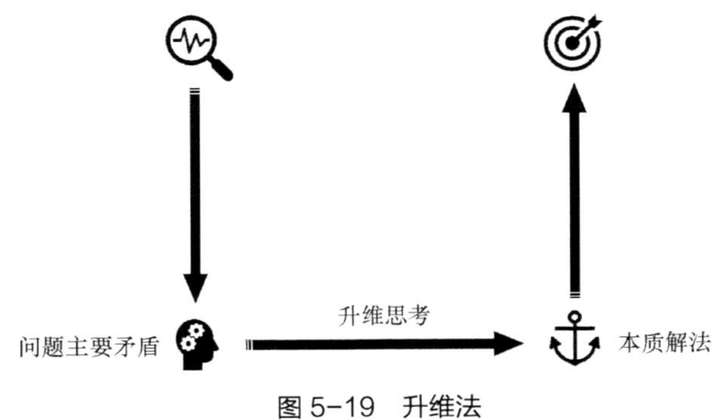

图 5-19　升维法

在 U 型思考实战中，升维法该如何运用呢？

先回顾一下，在 U 型思考左下“洞见问题本质”的环节中，问题本质是以问题主要矛盾的形式表达出来的。这里的主要矛盾，可以认为是在问题坐标系中，两个维度之间的冲突和对立，如图 5-20 所示。

图 5-20 主要矛盾可以视为两个维度间的对立冲突

比如有一位家居设计师，正面临这样一个两难的问题，他需要设计一把新型的椅子。这把椅子既要极轻，又要极牢固。这里“轻”是重量维度，“牢固”是结构维度。根据人们的生活经验，要想牢固，就要重一些，要想轻，通常就没那么牢固，两者很难同时被满足。重量和结构两个维度之间出现对立冲突，这就是一个矛盾。

一位职场人士，最近亲人得了需要长期调养的慢性病，她想尽可能多地陪伴、护理家人，但与此同时，自己的工作又很忙。既要做好工作，又要陪伴家人，这是工作和生活两个维度之间出现了难以调和的矛盾。

2016 年，链家的二手房交易规模已经达到 1 万亿元，但是创始人左晖发现，链家遇到了增长天花板，在链家所在的城市中，它的市场份额很难超过 14%。从 2016 年到 2018 年，链家的交易规模没有实现显著增长。作为一个雄心勃勃的企业家，左晖当然希望链家的交易规模是可以持续增长的。这里出现了两个维度之间的矛盾，一个维度是企业家追求业务增长的期望，另一个维度是企业传统的增长方式。链家以往的增长方式，就是不断拓展城市，不断开店，不断招人，所以当时它已经覆盖了中国 32 个城市，店面数量超过 8000 家，员工规模超过 15 万人。但这种增长模式已经无法支持企业持续增长的愿望，两个维度之间发生了矛盾。

多年来，中国物流行业实现了跨越式发展，尤其是伴随着电子商务的爆发，

无论是企业还是普通老百姓，对于物流快递的需求都越来越旺盛。但另外一方面，很多物流企业还停留在“人拉肩扛”的低效经营模式中，依赖扩充站点、招聘人员、低价抢单，这样的经营运作方式已经不足以支持旺盛的市场需求了。物流企业的市场需求维度和经营能力维度之间也发生了矛盾。

当问题中出现两个维度的矛盾对立时，应该采用升维法。

升维法的核心是，从既有矛盾的维度对立中跳出来，找到一个新的维度，在这个新维度上求解。升维法认为，以造成问题的思维模式去解决问题，永远无法解决问题。在造成矛盾的既有维度中求解，永远无法解决问题。因此，必须从造成矛盾的既有维度中跳出来，以新维度去解决老矛盾，才有望解决问题。

升维法在实际使用中，主要包括两种情况。

第一种情况是两个维度发生不可调和的冲突。

主要是指，在一个二维坐标轴中，维度一必须达成，维度二也必须达成，但是由于种种限制，两个维度不能够同时达成，如图 5-21 所示。“鱼和熊掌不可得兼”，说的就是这种情况。那应该怎么办呢？

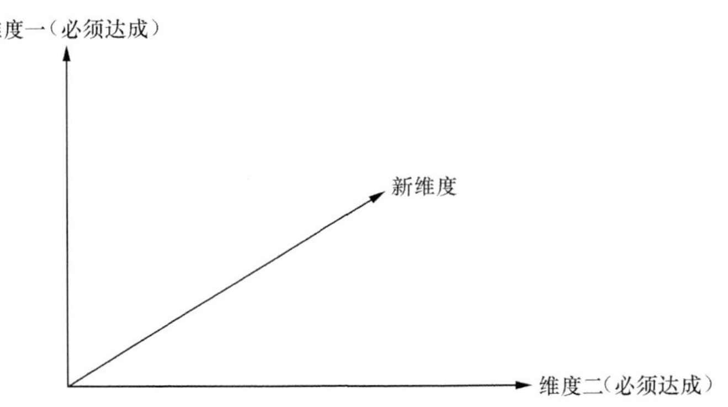

图 5-21　升维法：两个维度发生冲突，必须开辟新维度

运用升维法，必须要开辟新维度。在 X 轴和 Y 轴之外，射出一个 Z 轴作为第三个维度。也就是说，在 X 轴和 Y 轴构成的二维框架下已经解决不了问题了，必须通过第三个轴，也就是新维度来求解。这种情况下，升维思考的句式如下。

原有矛盾：既要……又要……

升维解决：既要……又要……除非……

当发生两个维度的矛盾对立时，原有矛盾表达为“既要……又要……”，升维法给出的解决方案是，超越原有矛盾的思考方式是，“既要……又要……除非……”，这里的“除非”就是要找到新维度求解。

回到前面案例，家具设计师面临一个两难的矛盾，既要极轻又要极牢固，也就是重量维度和结构维度产生矛盾冲突，两者同时满足是做不到的。这时候需要使用升维法。

原有矛盾：既要极轻，又要极牢固（看似不可调和）。

升维解决：既要极轻，又要极牢固，除非用新材料（找到新维度作为解决思路）。

当我们回答出“除非用新材料”的时候，相当于我们在重量维度和结构维度之外，引入一个新维度，也就是材料维度。我们是通过维度的升高，来解决这个看似不可调和的矛盾的。如果还是停留在既有维度中，则这个问题无解。只有通过升维，这个问题才能得以解决，如图 5-22 所示。

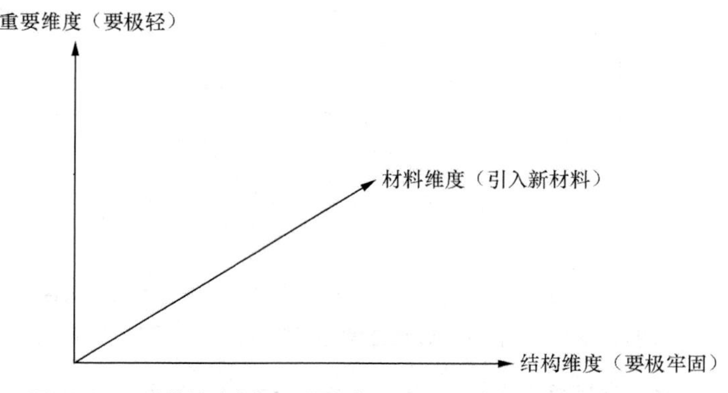

图 5-22　升维法案例：既要极轻，又要极牢固，除非用新材料

前文中的另一个例子是我们在职场中常见的。职业和生活两个维度发生矛盾，

既要保住工作，又要照顾家人，这两者很难调和。这时候需要使用升维法。

原有矛盾：既要保住工作，又要照顾家人。

升维解决：既要保住工作，又要照顾家人，除非公司授权在家办公。

在原来的二维状态下没法求解，只有通过升维的方式，在职业维度、生活维度之外引入一个工作方式的新维度，才能找到突破之道，如图 5–23 所示。

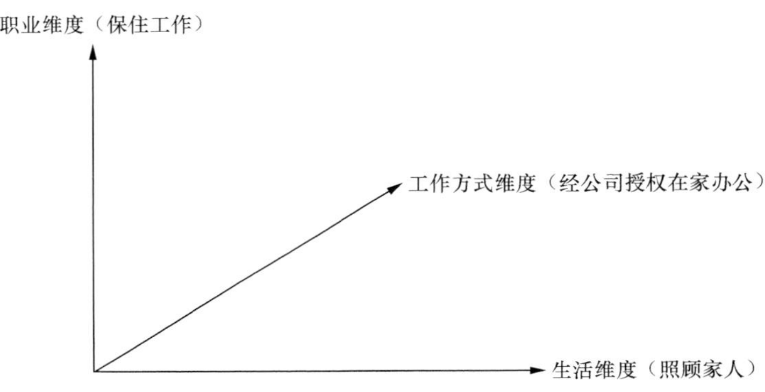

图 5–23　升维法案例：既要保住工作，又要照顾家人，除非在家办公

总结一下，当我们遇到“既要……又要……”的问题，两个维度之间出现不可调和矛盾的时候，通过思考“除非……”，就可以帮助我们引入一个新维度，开启真正的升维思考。

升维法的第二种情况是，在两个出现矛盾的维度中，其中一个维度通常是一个目标轴，这个轴必须要达成。另外一个维度通常是模式轴、能力轴或资源轴，第二个维度出现的问题是所采用的模式已经用足耗尽，到达极限，无法支持第一个维度目标轴的达成。

这个时候要运用升维法，在想象中把已经到达极限、不可持续的旧维度旋转一下，到达一个新的维度，然后在这个新维度上求解。换句话说，就是在旧有模式、能力和资源已经到达极限的情况下，通过新思路、新打法、新模式来达成目标，如图 5–24 所示。

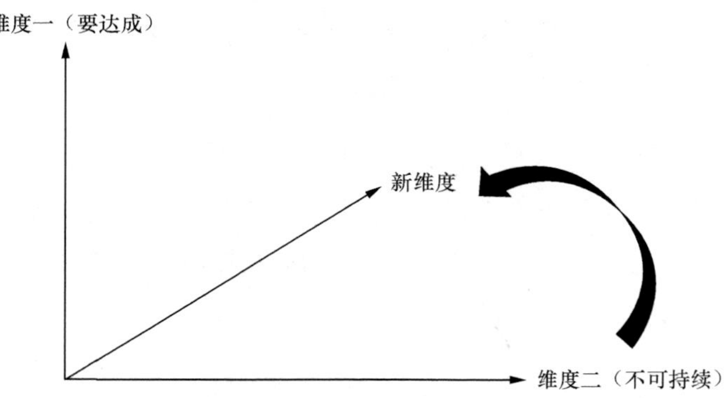

图 5-24　升维法：一个维度达到极限，必须转换到新维度

这种情况下，升维思考的表达句式如下。

原有矛盾：要达成……目标，已无法靠……实现

升维解决：要达成……目标，已无法靠……实现，而是要靠……实现

原有的矛盾是，要达成维度一，已无法靠维度二实现。升维解决是，要达成维度一，已无法靠维度二实现，而是要靠维度三实现。当你能填上第三个空的时候，其实在思维中出现了一个新维度。

回到前面链家的案例。链家传统增长模式的特点是，以自营模式开拓新城市，开新店，招新人，但这种模式难以突破规模天花板，2016—2018 年，链家交易规模始终保持 1 万亿元而没有实现显著增长，但同期二手房交易总规模从 6.5 万亿元增长到 12 万亿元，相当于链家的市场份额在不断下滑。链家传统的增长模式已经无法支持企业的持续增长，两个维度之间发生了矛盾。

原有矛盾：要达成增长目标，已无法靠传统的自营模式实现。

升维解决：要达成增长目标，已无法靠传统的自营模式实现，而是要靠平台开放，搭建产业联盟来实现。

链家搭建贝壳平台，相当于在原有模式基础上进行了一次升维。将原维度中无解的难题，在新维度中寻求突破。本质上，贝壳建立了一种平台化机制，实现

了房地产经纪人在交易过程中的协作，同时建立了合理的利益分配规则、服务监管机制和数字化支撑能力，提高了房屋交易效率，通过提升行业价值，做大平台规模。贝壳平台搭建起来之后，其扩张速度及平台规模超过了链家过去十几年的积累，这就是新维度带来的新突破，如图 5-25 所示。

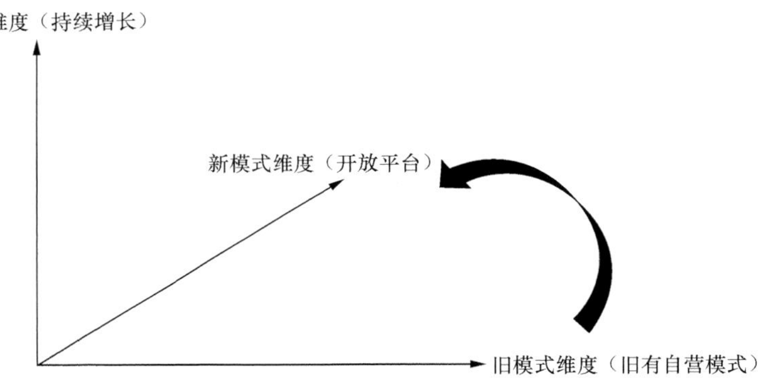

图 5-25　升维法案例：贝壳开启新增长

回到前面物流行业的案例，物流快递的需求猛增，但是物流行业原本过度依赖于人力的旧模式，不足以满足不断猛增的需求。面对这个矛盾，升维法怎么解决呢？

原有矛盾：要达成效率提升目标，已无法靠传统的依赖人力的模式实现。

升维解决：要达成效率提升目标，已无法靠传统的依赖人力的模式实现，而是要靠数字化来实现。

我们作为消费者，能够明显感觉到物流行业数字化带来的实实在在的价值，包括更快速的响应、更方便的操作、更顺畅的体验等，其实还有我们作为消费者看不到的更智能的仓配管理、更高效的路由调度等。中国物流行业正在由“人拉肩扛”的传统行业，转变为由数字化驱动的现代服务业，如图 5-26 所示。

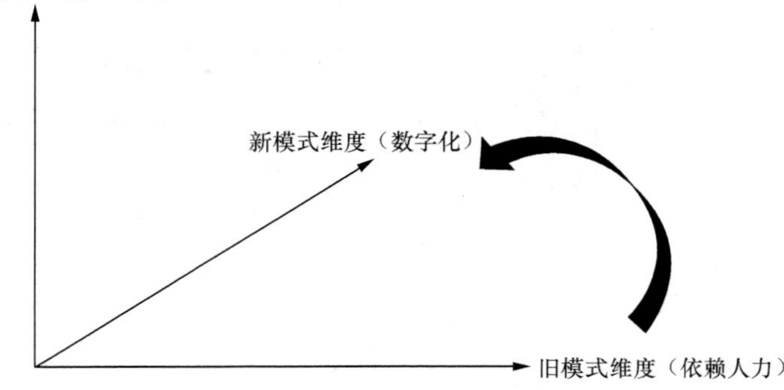

图 5-26 升维法案例：物流企业效率提升

总结一下，当目标维度已经无法靠既有模式（能力、资源）维度实现的时候，就要创造出新维度，通过新维度来达成目标，这就是升维思考。

升维法在运用中，有几个值得注意的关键点。

第一，升维法不是程度性改善，而是构建全新的维度。通俗讲，升维法不是靠加油干来解决问题，而是靠维度升高解决问题。

第二，升维法必须要跳出原有矛盾，站到矛盾的上空俯瞰。如果思维被锁死在旧有维度中，就永远看不到新维度。

第三，升维法意味着一定要提升思维层次。由旧有思维造成的问题，是无法通过旧有思维加以解决的；由旧有维度造成的问题，是无法通过旧有维度解决的。

乔布斯曾经说过："Think different（不一样的思考）." 这是对升维法的最佳阐释，不一样的思考，不是程度不一样的思考，而是维度不一样的思考。

第 4 节　优势法：有风使满舵

优势法，是指在 U 型思考确定本质解的时候，一方面要看到主要规律，另一方面要与自身优势相结合，内外结合，发挥优势，最终确定本质解。

在 U 型思考前一个环节“洞见问题本质”里，问题本质表现为主要症结、主要矛盾或主要规律。其中，主要规律指的是问题背后所深藏的、起到支配性作用的道理或逻辑，这些道理或逻辑往往揭示了问题的本质，我们称之为主要规律。从问题主要规律出发，充分结合自身优势，最终得到本质解，这个过程采用的就是优势法，如图 5-27 所示。

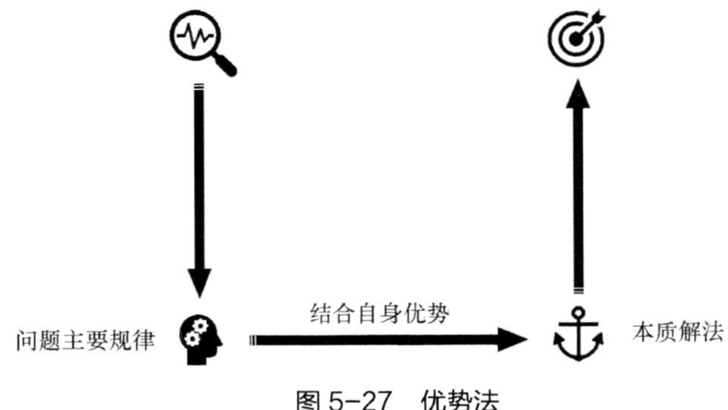

图 5-27　优势法

优势法的核心就是，顺应规律，发挥优势。以优势能力去捕捉外部规律趋势红利，以外部规律趋势红利放大自身优势能力，两者充分结合，把两者的交集作为决策本质解，如图 5-28 所示。

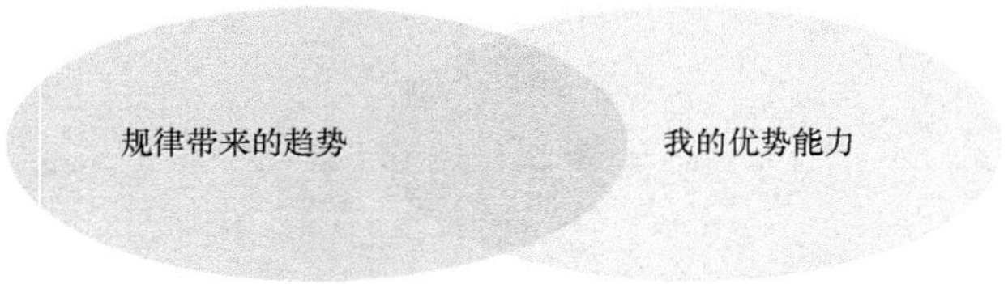

规律带来的趋势

我的优势能力

图 5-28　优势法的关键：顺应规律，发挥优势

假设我是一名教师，我分析这个职业的本质是什么呢？经过层层下挖，结论是，教师的工作本质就是要成就他人，也就是利他。这是教师这项工作很了不起的本质。再分析一下我当教师这件事情有什么优势呢？比如我特别擅长因材施教，能根据每个学生的不同特点，有针对性地帮助其提升成绩，而且我在个性化指导方面积累了很多理论知识和实践经验，那么根据优势法，我就要把我的核心能力发挥到极致，成为一个“基于利他心态的因材施教”的优秀教师，这就是我从事这个职业的本质解，如图 5-29 所示。

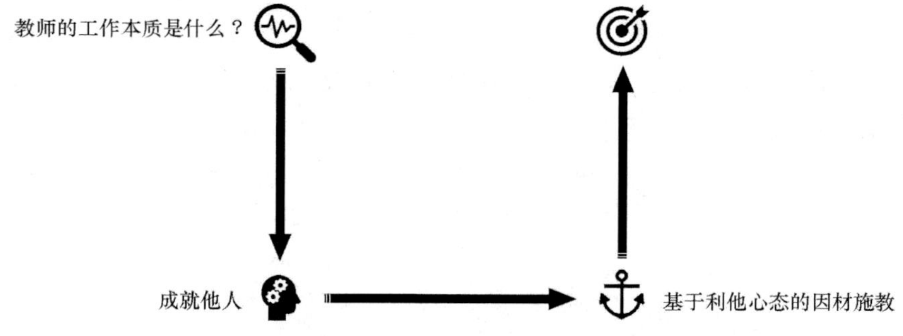

图 5-29　优势法案例：教学特色

假如我是一个产品经理，定义了一个核心问题：打造爆款产品的关键是什么？经过深度挖掘之后，我认为这个问题背后的本质规律是：满足用户尚未被满足的需求。此外，我要看一下我自己的优势能力，我有什么能力是比别的产品经理更具优势的？经过对比分析，我发现自己的优势能力在于洞察力，我能够通过数据分析，深度理解用户行为，也能通过专业调研方法，看透用户的所思所想。也许，洞察力就是我作为一个产品经理的天赋，是我的能力优势。接下来，我把前面发现的规律

与自身的优势能力相互结合，作为下一阶段职业生涯选择的本质解：持续挖掘潜藏需求，找到爆款产品切入点。我相信，这就是我工作的“一”，如图 5–30 所示。

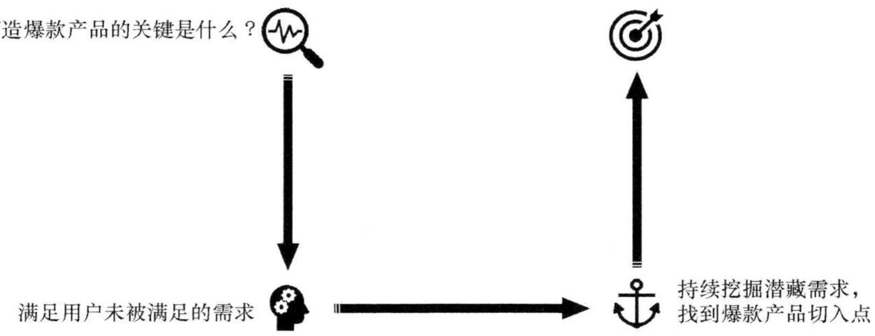

图 5–30　优势法案例：产品经理职业定位

2013 年的时候，快手创始人宿华和程一笑曾经思考这个问题，下一波的创业红利是什么？当时的情况是，智能手机开始普及，4G、宽带、Wi–Fi 网络正在全面铺设，微信、微博等社交应用方兴未艾。由此，宿华和程一笑判断，下一波的创业红利将属于移动互联网、短视频与社交，这是一个客观的趋势。那创始团队有什么优势呢？以宿华为例，他毕业于清华大学，先后在谷歌、百度工作，接触到了当时最前沿的人工智能、机器学习算法等相关技术，同时他尝试过 30 多个创业方向。他最核心的优势能力在 AI 算法领域。因此，外部的规律趋势红利与创始人优势能力的结合，生成了快手的战略——AI 驱动的移动互联网短视频社群，这就是快手一直秉承的“一”，如图 5–31 所示。

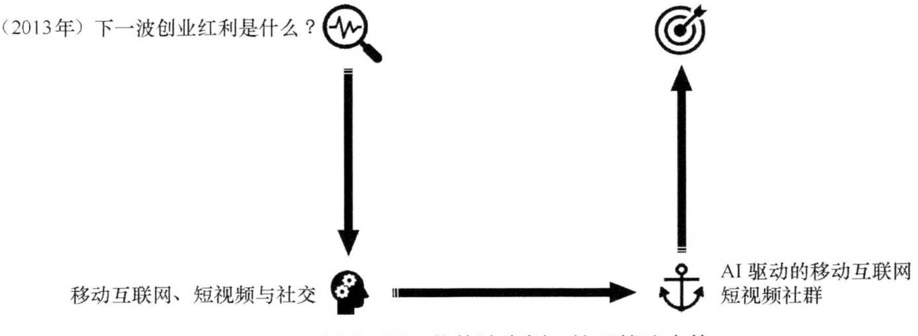

图 5–31　优势法案例：快手战略定位

优势法的意义到底是什么？我们为什么要采用优势法来选择本质解？

积极心理学领域有一项重要的研究结论，一个人是否有幸福感，是否能获得成功，关键在于：优势能力的反复运用。那么，优势能力应该在哪些地方反复运用呢？优势能力要在符合规律趋势、具备发展红利的方向上充分运用，这能够放大你的优势能力。根据积极心理学的结论，这能够让你既幸福又成功。商业领域也是如此，一个企业能否成功，需要天时地利人和，既要顺应外部规律趋势，也要充分发挥内部核心能力，两者缺一不可。

从优势法的视角来看，什么样的本质解是好的选择？

如果你选择的本质解，既符合你的优势能力，同时也踏准了规律趋势，那么就进入了右上象限，如图 5-32 所示。这个抉择会让你的才华或你的能力，如鱼得水地得以施展。这是最佳的本质解选择，也是优势法所建议的。

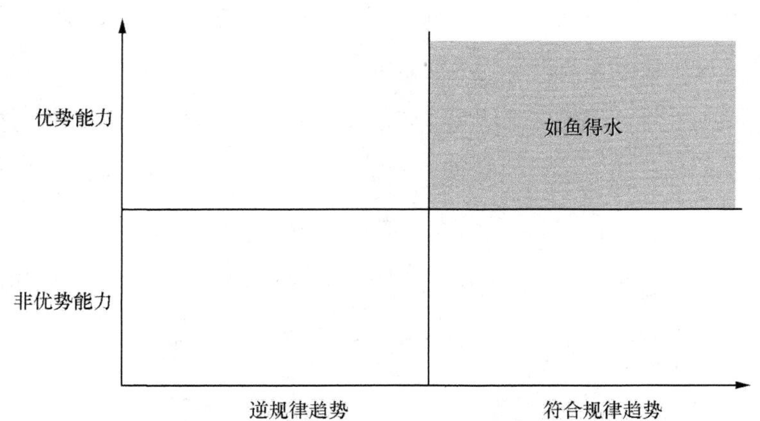

图 5-32　本质解的选择：既发挥优势能力，又符合规律趋势

如果你选择的本质解，可以施展优势能力，但是所选择的方向不好，没有踏准大的规律趋势，反而与规律趋势相悖，所谓“怀才不遇”，说的就是这种情况，如图 5-33 所示。很多时候，选择比努力更重要。选择对了，大展宏图；选择错了，宏图难展。从优势法的角度看，不建议你选择这样的本质解。

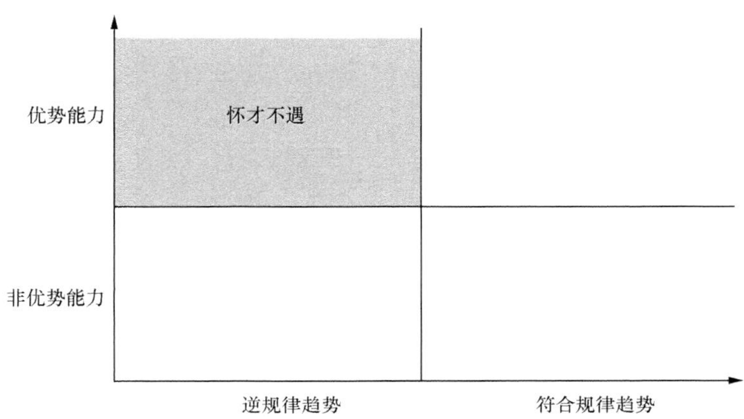

图 5-33　本质解的选择：能发挥优势能力，但不符合规律趋势

如果你选择的本质解，方向很好，符合趋势，前景可期，但是它所用到的不是你的优势能力，或者说它所需要的能力你并不擅长，那么这样的本质解，可能带来两种情况。一种可能是，你并不能在这个领域得心应手，施展所长，也无法达到理想的结果，如图 5-34 所示；另一种可能是，你通过勤学苦练，快速补课，把自己在这个领域所需要的能力培养出来，从而转移到右上象限，把这个抉择变成一个正确的抉择。从优势法的角度看，是否把本质解落在这里，你应该评估一下自己能否培养出之前所不具备的能力。

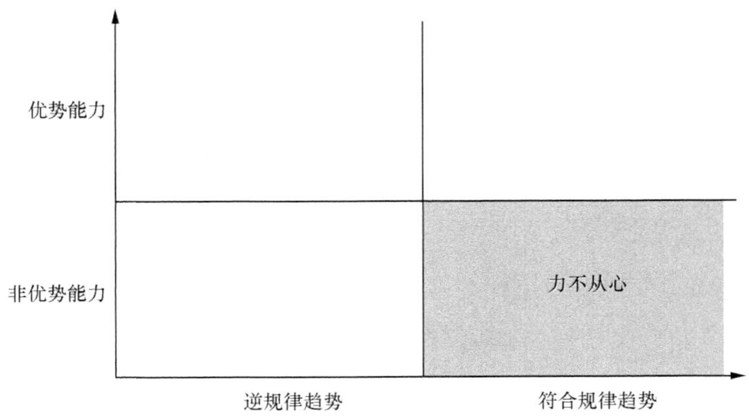

图 5-34　本质解的选择：符合规律趋势，但并非我的优势能力

如果你选择的本质解，既不是你的优势能力，又不符合规律趋势，则这就落到了左下象限，如图 5–35 所示。在这样的方向上做事，注定举步维艰。这是最差的本质解选择，应该尽快调整。

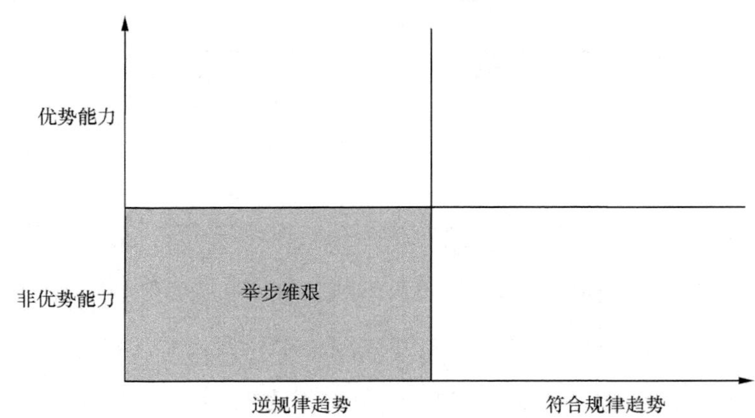

图 5–35　本质解的选择：既不能发挥优势能力，也不符合规律趋势

优势法的道理不难理解，在使用中要注意几个关键点。

（1）要识别出自身的优势能力。

这方面有很多方法，比如说你让自己身边的人谈一下，在他们眼中，你的优势能力是什么，很多时候别人看你会看得更准。一个组织的优势能力评估也不复杂，比如说把管理团队分成几个小组，大家做一个简单的研讨，分析一下公司积累的优势能力是什么？人贵有自知之明，深刻认识到自己的优势能力，是一件很重要的事。

（2）对规律趋势有深刻洞察。

这方面非常考验一个人的本质思考能力。在 U 型思考挖本质的过程中有一系列的专业方法，包括追问法、框架法、类推法和假设法，这些方法都有助于你挖掘到事物的底层规律和发展趋势。

（3）以“打一仗”来验证本质解。

你觉得自己选择的本质解是正确的，因为其既发挥了自身的优势能力，又踏到了规律趋势上，但它到底对不对呢？一般可以通过“打一仗”来验证。“打一仗”的

本质是什么？本质是通过实践，让你获得某种反馈和验证，来证明或证伪你的想法。

回想刚才快手的案例，2013 年的时候，宿华和程一笑决定，把 AI 驱动的移动互联网短视频社群作为企业战略的本质解。那么这个大思路制定之后，到底对不对呢？他们进行了实战测试。在不到半年的时间里，快手的日活用户数从 1 万飙升到 100 万，实践证明，当时的选择是正确的。

最理想的本质解选择，其实是个三角组合，满足我擅长、我坚信、被需要这三项标准，即发挥的是自己的优势能力、顺应了趋势规律、思路被市场所验证。三者如果同时满足的话，则这个本质解对你来讲一定是对的，是你可以笃定奉行的根本道理，也是你应该坚守的“一”，如图 5-36 所示。

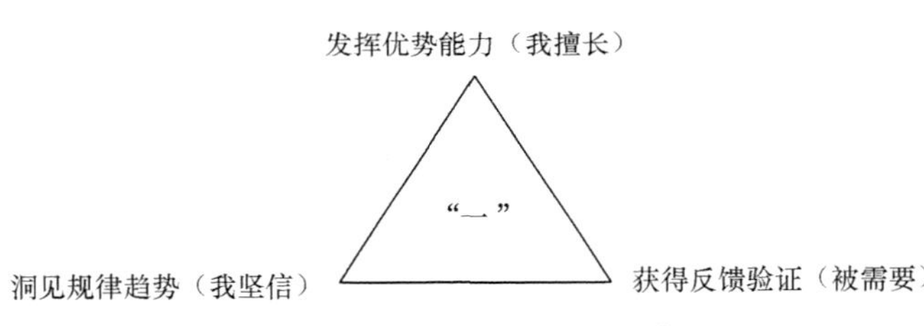

图 5-36 本质解的判断标准

我们最后再思考一个问题，优势法的本质到底是什么？简单说，就是把我们自身的优势，借助规律趋势放大。这里面隐含了这样一个道理，一个人一生中能够到达怎样的高度，并不在于他短板补得怎么样，而是他能不能把自己的长板淋漓尽致地发挥出来。长板应该在什么地方发挥呢？踏准规律和趋势，选准赛道。

本章是 U 型思考中找到本质解法的一章，一共有三种方法，破界法、升维法和优势法，如表 5-1 所示。

表 5-1 找到本质解法的三种方法

	破界法	升维法	优势法
方法特点	对于问题症结反向思考	对于对立矛盾找到新维度	把规律趋势与优势能力相结合
优势	简单直接	创新飞跃	与自身能力相结合
劣势	知识不全面可能导致错误	对思考能力有一定要求	优势能力处于变动中
适用场景	症结亟待克服	渴望重大创新	企业或个人战略规划

破界法，是说我们发现了一个问题的本质，也就是症结所在，那么反其道而行，就找到本质解了。简单直接是它的优势。但是它要求使用者知识储备要全面，如果知识储备不全面可能会导致错误。它适用的场景是，一个组织或者一个人，在某些方面存在的问题极其严重，要抓紧拨乱反正、回归常识。在这样的时候，建议你采用破界法。

升维法，如果问题中的两个维度发生了矛盾冲突，在既有维度中是无法求解的，而必须要找到一个新维度，在新维度中对问题求解。它的优势是能够带来创新的飞跃，让你用升维的方式解决问题。但是它的相对难度较大，对一个人的思维要求较高。升维法适用的场景是，一个人或者一个组织，期待特别重大的突破。在这样的场景下，适合采用升维法。

优势法，就是把规律趋势和优势能力相结合。它最大的优势是强调要发挥你自己的优势能力。但是它也有一个不足，就是优势能力往往是动态的。一个人、一个组织可能在早期并没有优势能力，而是在行动中才构建起优势能力。甚至有时一个人或一个组织经过长期的锤炼，可能会把短板打造成长板。所以，一定要注意，优势能力往往是动态的。优势法适用的场景是，企业制定战略规划或者个人制定职业生涯规划。在这样的场景下，推荐你使用优势法。

一生二，二生三，三生万物。

找到你的“一”。

第 5 节 案例：链家为什么做贝壳？

在一般人的印象中，二手房中介行业是一个非常传统、保守的行业。但就在这样一个行业中，却异军突起地杀出了一家颠覆性企业，这家企业在成立后短短几年内就成为二手房中介行业的领军者，交易规模不断飙升，这家企业就是贝壳找房（以下简称贝壳）。

贝壳成立以来，交易规模从 2017 年的 1 万亿元增长到 2020 年的 3.5 万亿元，营业收入从 2017 年的 255 亿元增长到 2020 年的 705 亿元。截至 2021 年 6 月 30 日，贝壳连接门店 52 000 余家，连接经纪人超过 54 万人。这组数据毫无疑问是很光鲜的。

但与此同时，贝壳也是一家极富争议的公司，贝壳是不是搞垄断？贝壳的商业模式是否可持续？贝壳的缔造者——左晖先生故去之后，贝壳的未来是否还有想象力？这些问题，都反映了外界对于贝壳的半信半疑。

除了看数字、听舆论，看一家企业做的事情是不是合理，有没有未来，还需要深度的分析：这家企业对于创新有没有深刻的本质思考？是不是基于本质思考制定的战略决策？对于战略决策的执行是否笃定而坚决？因此，我们运用 U 型思考，来深度剖析一下贝壳，尤其是要重点剖析贝壳是如何在链家基础上生长出来的？链家为什么要做贝壳？贝壳从诞生到成长，背后的决策逻辑是怎样的？

为了更好地理解贝壳，首先要了解贝壳的前身——链家。

链家于2001年由左晖创立，2008年收购了中大恒基，成为北京地区最大的房地产中介。链家在2009年开始建立自己的楼盘字典，2011年开始推进真实房源行动。接下来，链家在2014年推出了经纪人协作网络（Agent Cooperation Network，ACN），在2015年连续进行了多笔收购，地域范围进一步扩展，在2018年推出了德佑，还推出了贝壳找房。那时的链家一共有15万名员工，将近8000家门店，覆盖了中国32个城市，成交额突破1万亿元，已经成为中国最大的房地产中介机构。

在那个时候，左晖以及链家的管理团队看到了什么？为什么会决定做贝壳？决定做贝壳的决策逻辑是什么？

我们看几组数据，2016年链家的交易额为1万亿元，接来下在2017年、2018年交易额基本维持在1万亿元左右，这说明：

第一，链家的交易额已经非常大；

第二，链家在那几年的交易规模不再增长了。

同期市场环境发生了很大的变化，2016年中国有15个城市的二手房交易规模超过了一手房；2017年中国有25个城市的二手房交易规模超过了一手房；到了2018年，已经有40个城市的二手房交易规模超过了一手房。同时，二手房交易总额已经从2016年的6.5万亿元增长到2018年的12万亿元。二手房交易的市场规模在持续扩大，可是链家的交易规模却没有变化，这说明链家的市场占有率在下滑。

对于任何一个企业家来说，尤其对于左晖这样优秀的企业家来说，一定会思考一个问题，我如何重启增长？

这是典型的How类型问题，根据U型思考方法，需要把初始的How类型问题转换为Why或者What类型的问题。重新定义问题，制约链家交易规模持续增长的障碍是什么？我们以这个问题来开启U型思考，如图5–37所示。

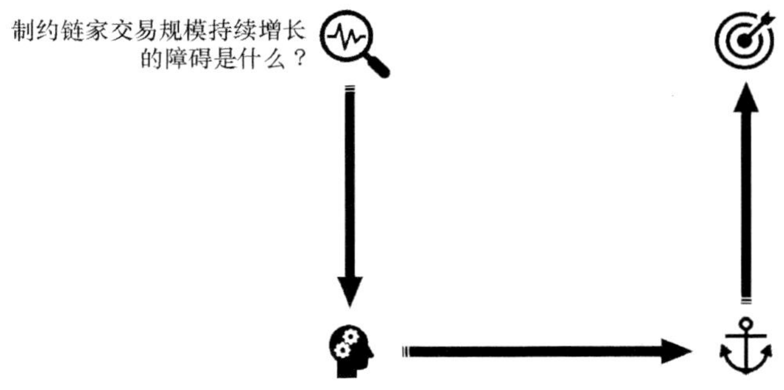

图 5-37　U 型思考：定义核心问题

接下来，我们运用框架法，围绕这个问题进行深度剖析。我们构建一个分析房地产中介行业的整体分析框架，以便条分缕析，深度剖析，如图 5-38 所示。

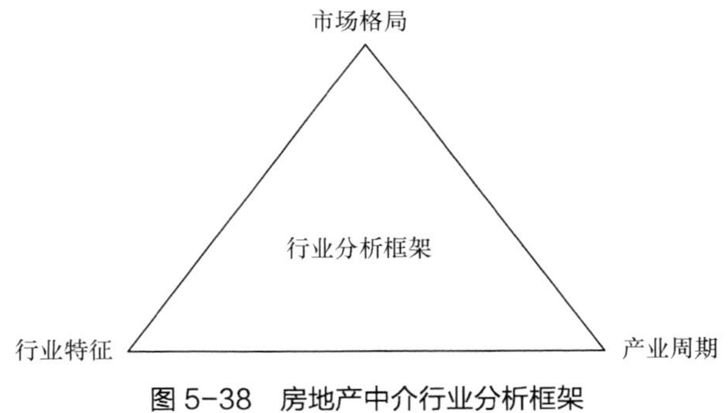

图 5-38　房地产中介行业分析框架

从市场格局的角度看，左晖发现一个经验值，他发现在充分竞争的市场格局下，任何一家房地产中介机构在任何一个城市的市场份额，最高不会超过 14%。同样，链家作为行业的领头羊，交易规模的市场份额达到 14% 后，就像遇到了天花板一样，很难再突破。

当然这也只是一个现象，为什么很难突破呢？进一步分析可以发现，链家当时的员工规模已经达到 15 万人，拥有近 8000 家门店，作为一家企业，它的业务规模已经非常大了。此外，链家当时进入中国主要的一二线城市，业务共覆盖了 32 个城市。

链家想要获得更高的市场份额，比如使市场占有率达到 30%，如果继续按照传统的扩张模式，也就是拓区域、开店、招人，则至少需要上百万名员工以及几万家门店。

事实上，任何经营管理模式都是有边界的，链家在达到 15 万名员工规模、8000 家门店、32 个城市的时候，这种传统的增长模式已经到达了边界。如果进一步以重资源投入求增长，甚至会超出企业的经营管理能力极限，同时，这也蕴藏着极大的经营风险。

这样一分投入、一分产出的线性增长思维，还面临着一个很大的挑战，就是被跨界对手以新打法颠覆。链家在一次内部的战略研讨会中做过这样的推演，如果有一天，链家被竞争对手干掉了，将会以怎样的一种方式被干掉？推演的结果是，有两种被干掉的路径。

第一种，对手发动线上打线下。链家传统的优势都在线下，之所以不断开店的目的，也是为了获取线下流量。但是如果有竞争对手把控了线上的资源，发动线上打线下，很可能让链家以往的优势荡然无存。

第二种，中国的城市这么多，链家毕竟只覆盖了 32 个城市，还有大量的空白区域。如果有对手在空白区域率先发力，以农村包围城市的方式低端逆袭，也有可能把链家击败。

所以结论就是，对链家最具威胁的对手是谁？是更大流量、更大资本和更大平台的跨界竞争者。当然这个危机背后也蕴藏着机会，链家也可以反向思考，如果竞争对手可以这样来打我的话，那我能不能率先发动行业变革呢？链家是否可以通过构建新型模式，抢回流量入口并有效拓展空白市场？

以上从市场格局的视角，分析了制约链家交易规模持续增长的障碍，结论是链家既有的增长模式，无法支持交易规模的持续增长。具体来说，第一，空白市场无法有效覆盖；第二，市场份额上限无法突破；第三，面临被新型平台颠覆的潜在威胁。

接下来从行业特征的视角进一步分析，可以看到制约链家发展的障碍，不仅仅在于链家自己的问题，更是由于房地产中介行业长期存在的顽疾所致。

中国房地产中介行业，是一个在不规范背景下成长起来的行业，是一个长期缺乏客户信任感的行业。房源信息不真实，收费标准不透明，交易过程不放心，一直是老百姓对房地产中介行业批评最多的地方。这带来的结果是，一方面，由于信任缺失，二手房经纪人不被尊重，左晖曾经很感慨地说过，“尊严离我们这个行业太远了”。另一方面，二手房经纪人是一个高流动、高离职率的职业，平均在职时长只有半年。半年时间一般只是处理一单房屋买卖交易，经纪人极易在服务中进入“单次博弈”，也就是既然只做一票，那就怎么获利大怎么干，这会带来很多影响客户信任的行为，从而进一步加剧客户对行业的不信任感。一个从业者不被尊重的行业，一个不被信任的行业，不是一个可持续的行业。由此引发的思考是，是否可以构建新型模式，在交易中重建信任？让客户更放心？让从业者更有尊严？

进一步分析，房地产中介行业还存在这样几个特点：进入门槛低，各类大小不一的中介机构林立，中介机构之间的竞争极其激烈，恶性竞争不断出现，合作几乎没有……这正是导致 14% 份额天花板难以突破的重要原因。此外，房地产交易过程中充斥着大量的非标服务，行业的数字化程度偏低，难以构建可信交易，行业的整体效率偏低。链家作为行业领头羊，下一步的增长一定来自于行业效率的整体提升。链家的突破，必须站在行业的高度去思考。

以上从行业特征的视角，分析了制约链家交易规模持续增长的障碍，结论是这个行业固有的顽疾严重制约了链家乃至全行业的持续增长。核心问题在于整个行业不被信任，同时行业整体效率偏低。

接下来，再从产业周期的角度，更宏观地分析一下中国房地产行业，如图 5-39 所示。

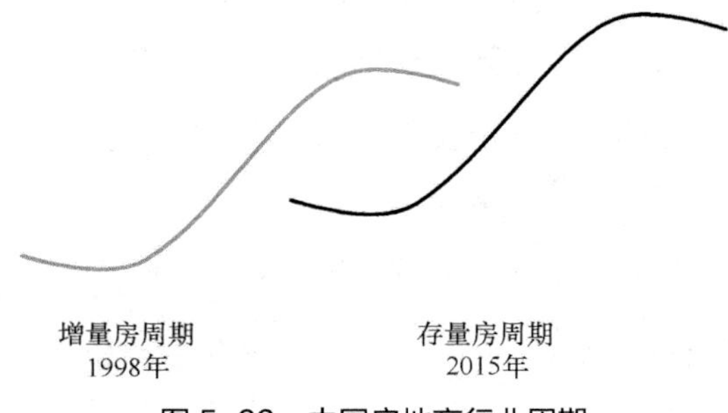

图 5-39　中国房地产行业周期

自 1998 年开始，中国房地产行业的市场化改革开启，房屋作为商品开始被买卖交易。在接下来近 20 年的时间里，中国房地产总体处于增量房周期或者叫新房周期，以不断开发、建设、销售新房为主要标志。在这个过程中，中国房地产业也逐渐成为一个巨量产业，涌现了一批年销售额超千亿元的企业。但在 2015—2018 年，伴随着中国人均 GDP 突破 8000 美元，伴随着越来越多的城市二手房交易规模超过一手房，中国房地产开始进入存量房周期或者叫二手房周期。新周期必然会出现新规则、新模式和新打法。

左晖在 2018 年对房地产业曾有过这样一些论断：

“过去 40 年，中国房地产发展和全世界大多数国家没有本质的差异，都经历了前 20 年公共住宅的建设，然后碰到很多财政负担的问题，于是走向市场化 / 商品化的过程。我们并不特殊，只是我们比较快，把城镇化率从 10% 提高到 50% 以上我们用了 40 年时间，美国用了 80 年的时间。”

“中国房地产已经告别短缺，进入总量平衡的阶段。国际上，当人均 GDP 超过 8000 美元以后，住宅市场新增下降。中国的情况跟这也高度吻合。中国的住宅房地产大规模开发的阶段已经过去了。”

“3 年时间内，中国房地产将迎来一个全口径拐点，存量住宅的成交总额会超过新增住宅的成交总额，5 ~ 10 年，房地产大概率会是，二手房的成交总额会达

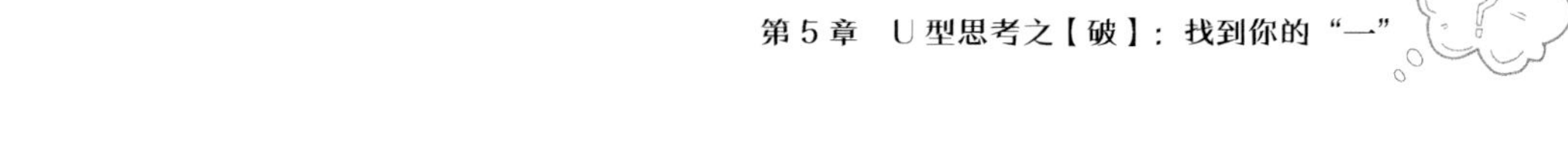

到新房成交总额的 3 倍左右，存量市场未来是一个相对更确定的领域。”

“中国一年到底应该卖多少套房子？不论是和其他国家进行横向比较，还是长周期来看，中国 7.5 亿人次购房者一年发生 1500 万套交易是比较确定的。”

“房地产涉及 4 个大品类，第一个是制造业（房地产开发），第二个是交易平台，第三个是房后市场，第四个是整个的房产金融服务市场。”

当中国房地产业周期从增量房周期进入存量房周期后，意味着二手房交易必然猛增，同时，随着与客户的连接深度加深，二手房交易还会带来房后市场、房产金融服务等增值服务的机会。新周期会倒逼二手房交易服务效率必须有所提升，二手房交易服务模式必须有所创新，谁能做到这一点，谁就将成为在新周期中崛起的代表性企业。而当时的链家，显然还没有做到这一点。

以上从产业周期的视角，分析了制约链家交易规模持续增长的障碍。结论是，传统房地产中介的交易服务，还没有为中国房地产进入新周期做好准备。

总结一下，是什么制约了链家交易规模的持续增长？

第一，链家既有的增长模式，无法有效覆盖空白市场，且面临跨界竞争对手的颠覆风险。

第二，链家既有的增长模式，并不能克服房地产行业长期存在的顽疾，行业不被信任且行业交易效率低。

第三，链家既有的增长模式，并不能有效抓住房地产新周期带来的红利，也不能使其成为新周期的代表型企业。

至此，我们可以用 U 型思考来回答前面的问题，制约链家交易规模持续增长的障碍是什么？我们挖掘到的本质是，持续增长的市场空间与传统增长模式之间的矛盾，如图 5–40 所示。换言之，链家的传统增长模式，已经不足以支撑可持续的增长。

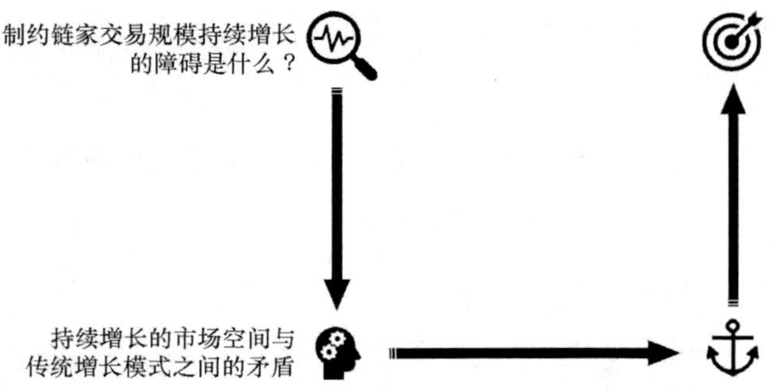

图 5-40　U 型思考：洞见问题本质

运用 U 型思考对问题有了本质认知之后，要基于这个本质认知找到本质解。现在问题的本质已经归结为一组矛盾，那么可以用升维法来找到战略的本质解。

先简单回顾一下升维法。升维法讲的是，在一个二维图中，维度一通常是目标轴，目标轴是一定要达成的目标。维度二通常是模式轴，是实现目标采用的模式。当模式轴已经不足以支撑目标轴，也就是维度二所采用的模式已经到达极限了，那么维度二必须要转动一下，转动出一个新维度，从一个二维坐标变成一个三维坐标，通过定义出新维度来解决问题，如图 5-41 所示。

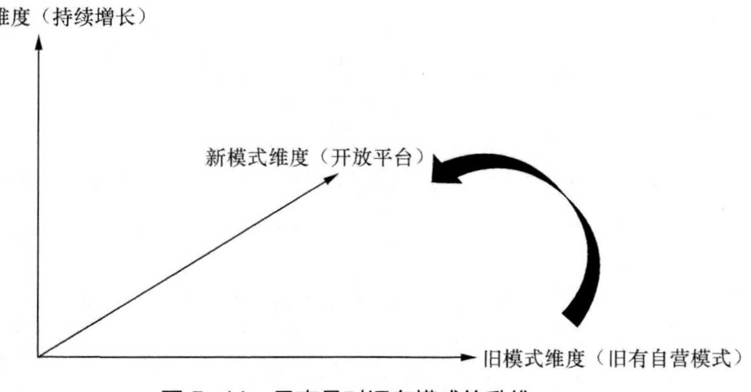

图 5-41　贝壳是对旧有模式的升维

回到本案例，一方面，企业要持续增长，而且从行业市场空间来看，也有持续增长的可能；另一方面，链家传统的自营扩张模式已经走到了尽头。这时候，就必须采取升维的思考方法，定义一个新维度，也就是构建一种新的模式来驱动

可持续增长。

是否有这样一种模式？

可以抢回流量入口并有效拓展空白市场？

可以在交易中重建信任？让客户更放心？让从业者更有尊严？

可以提升二手房交易服务的行业整体效率，迎接新周期到来？

这是一种怎样的新模式呢？就是贝壳。

每家房地产中介公司都是垂直的、烟囱状、分散状的，那现在是不是可以有一个开放平台，联合同行来做大行业蛋糕，提升行业整体效率？这就是升维法中一个全新的维度，一个全新的模式。新模式最主要的特点是什么？就是开放平台，同业联盟。

贝壳不仅仅是链家的转型，更是对传统房地产中介模式的升维。因为，中介公司以往彼此之间都是竞争对手，但如果通过一个协作平台，实现经纪人在每次交易上的协作，高效优质地帮助客户完成交易，然后按照交易贡献分利，那么这样的模式，至少在理论上，是有可能把行业蛋糕做大，提高行业整体效率并提高客户满意度的。

左晖对贝壳做过这样的阐述：“垄断是给自己制造敌人，做平台是为了打破垄断；过去链家是垒城墙，而贝壳相当于拆墙工程；贝壳和伙伴们一起灌溉庄稼。最终，贝壳对队友收取平台管理费。”贝壳创新构思的本质是：改变二手房交易行业长期以来的传统的、粗放的、低信任的交易服务模式，以行业合作平台的方式构建专业的、可信的、协作的交易服务网络，如图 5-42 所示。

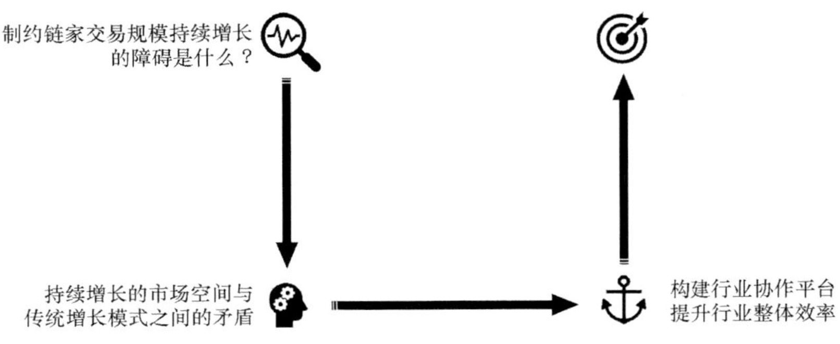

图 5-42　U 型思考：找到本质解法

U型思考有了本质解之后，还需要把思路最终落地，把构想变为现实。从链家到贝壳，从一个纵向中介企业变成一个横向协作平台，意味着什么？意味着贝壳的价值网几乎完全要重构。所以我们接下来采用价值网法，分析贝壳的后续动作。

第零步，明确本质解。本质解就是“构建行业协作平台，提升行业整体效率”。

第一步，分析价值网的现状。

组织价值网面临突破。作为一家企业，以往每天都在跟竞争对手竞争，每天思考的都是如何获得更大的市场份额，但今天突然变成一个横向协作平台了，要把组织中的一些资源开放出去，要给同行赋能，要和大家联合作战，以往的组织心智、组织能力会面临很大挑战，所以组织价值网必须取得突破。

客户价值网面临转换。以往作为中介机构，服务的要么是买房的人，要么是卖房的人，但贝壳现在作为行业平台，客户除了买方和卖方之外，平台的客户还包括以往的竞争对手，也就是其他中介公司的经纪人，所以客户价值网面临巨大的转换。

竞争价值网面临变化。作为一家中介公司，以往的竞争对手就是其他的中介公司。现在作为一个平台，要跟其他平台公司开始竞争了，比如58同城这一类的公司，所以竞争价值网也面临变化。

资本价值网也有待强化。这么重大的战略调整，以及雄心勃勃的构想，一般需要通过融资获得资源或同盟军，所以资本价值网也有待强化。

第二步，识别出亟待强化的资源要素。

组织价值网方面需要足够的人力资源配备与资源支持。一个新生业务通常失败于在组织内部得到的支持过少。贝壳作为一个新生业务，必须得到足够的资源倾斜，才能快速成长。

客户价值网方面要把过往的竞争对手变成客户，这件事情难度很大。贝壳要首先取信于同行，让同行看到平台是可以创造价值的，才能让平台赢得支持。

竞争价值网方面，竞争一定会更加复杂，之前是店面之间的竞争，接下来将发生平台之间的竞争。

资本价值网方面应该加快融资，尽可能让朋友变多，让对手变少。

第三步，对于价值网，进行针对性的补缺、优化或者改造。

贝壳价值网变革的关键在于组织价值网和客户价值网。

2018 年 4 月 23 日，贝壳找房正式发布，彭永东任链家集团的 CEO，兼任贝壳找房的 CEO，也就是说，由传统核心业务的领军者，同时负责新业务，以此保证对新生业务的资源扶持。

2018 年 11 月，链家开了一个 17 周年的成立大会，左晖对外的头衔只有一个，就是贝壳找房的董事长，这对于内外部释放的信号是不言自明的，说明左晖要将全部精力放在贝壳这个新业务上。

事实上，链家对贝壳这一新生的业务单元，给予了足够的人力资源支持，链家 28 个城市经理调任到贝壳的有 23 个，链家 600 名运营总监调到贝壳的有 400 名，链家总计抽调了 6000 人进入贝壳。

通过以上行动，可以看到左晖以及整个管理团队确实下了很大的决心，为了扶持新生儿成长，重兵向这个方向倾斜。这些都是针对组织价值网进行的变革。

此外，在客户价值网方面，贝壳如何取信于同行呢?

2018 年 4 月 23 日，贝壳正式发布，提出贝壳的使命是致力于聚合和赋能全行业的优质服务者。这时候贝壳的视角已经是一种平台化视角了，贝壳的客户不仅仅是交易中的买卖双方，贝壳要服务的对象还包括所有的房地产经纪人。贝壳平台为这些经纪人提供服务，最终通过这些经纪人为消费者提供包括二手房、新房租赁和家装全方位的居住服务。

早在 2014 年的时候，左晖就在思考，如何让所有的交易环节都能获利?因为只有每个环节都获利，参与不同环节的同行之间才能够协作起来，进而通过专业分工与协作，提高整个交易环节的效率。

因此，链家在2014年就启动了ACN（经纪人协作网络）建设。贝壳的整个机制也是建立在ACN基础上的。

表5–2就是ACN对于服务链条各环节的细化，一共分配了10个环节，对应10个角色，不同经纪人在不同环节担当不同的角色，做出不同的贡献，最后按照各环节贡献率进行分佣。分配机制也不是一蹴而就的，而是不断调优，确保分配公平。

表5–2　贝壳找房ACN合作网络定义的10个角色

	角色	职责
房源方	房源录入人	把业主委托的交易房源录入系统
	房源维护人	熟悉业主、住宅、物业及周边，在客源方带看时陪同讲解
	房源实勘人	对于委托房源拍摄照片或录制VR，并在贝壳系统内提交
	委托备件人	获得业主委托书、身份信息、房产证书信息并上传至政府制定系统
	房源钥匙人	征求业主同意，保管房源的钥匙
客源方	客源推荐人	向其他经纪人推荐了合适的客户
	客源成交人	向买房人推荐合适的房源并进行带看；与业务谈判和协商，促成双方签约
	客源合作人	辅助客源成交人，帮助其服务客户、对接资源与准备文件等
	客源首看人	带客户首次看成交房源的经纪人
	交易/金融顾问	提供签约后相关交易及金融服务的专业人员

ACN经纪人协作网络是一个很好的创新。因为一般来说，一个职场人只为自己所在的企业服务。但是ACN的思想是把不同中介公司的经纪人团结在一起，各自贡献价值，一起联合为客户服务，这样就打破了企业边界，以协作为导向，提升了交易服务效率。

ACN网络建设不仅只应用于分佣，还包括经纪人的成长、激励、任务调度、信用体系等。ACN网络建设的最终目的，是建立一支成熟的、职业化的房地产经纪人队伍，为客户提供高品质的服务，同时让行业赢得信任，为每个房地产经纪人赢得尊重。

要给经纪人赋能，除了 ACN 网络之外，还需要数字化的支撑。房地产中介行业要从一个相对封闭、非标的行业，变成一个公开、透明、可信的行业，就离不开数字化改造。

从 2009 年开始，链家为了解决行业普遍存在的虚假房源问题，开始建立自己的楼盘数据库，叫楼盘字典。到 2019 年的时候，楼盘字典已经拥有了 1.87 亿套住房的数据。截至 2020 年年底，楼盘字典累计收集了中国 2.4 亿套房屋的动态数据，累计收集了超过 900 万套房屋的 VR 房屋模型。

其中，房源的数据刻画有 319 个维度，用户的数据刻画有 111 个维度。链家在房源数据库方面每年投入数亿元，在此基础上，可以进行交易规律和换房动线等多维度的洞察分析，从而提升房产交易服务效率。

贝壳能成为行业的赋能平台，离不开链家多年积累的数据资源和数据能力。赋能这个词，说起来很容易，但是要做到，需要长期的扎扎实实的基础设施建设。一个企业要做赋能平台，首先是想要做，其次是有能力做，这就要有赖于长期坚持做“难而正确的事情”。

还是回到贝壳客户价值网的问题，原来的同行到底信不信任你？有没有在你的平台上获得价值？愿意不愿意在你这个平台上协作？我们看一组数据。

2018 年底，贝壳连接了 121 个房地产经纪品牌，1.96 万家门店和 16.8 万名经纪人；2019 年底，贝壳连接 220 个房地产经纪品牌，3.8 万家门店和 36 万名经纪人；2020 年底，贝壳连接超过 300 个房地产经纪品牌，4.69 万家门店和 49 万名经纪人。

2019 年前加入 ACN 运营超过 1 年的门店（不包括链家），1 年后收入平均增长一倍以上。同时，每家门店的二手房交易效率，达到行业平均水平的 1.6 倍。

链家依靠自己的力量，17 年积累了 8000 家门店，15 万名经纪人，覆盖了 32 个城市，达到 1 万亿元交易规模；但贝壳用 3 年时间，就已经连接了 4.69 万家门店，49 万名经纪人，覆盖了 110 个以上城市，达到 3.5 万亿元交易规模，这就是平台开放的力量，这就是行业协作的力量。

从贝壳和链家的对比来看，贝壳仅用半年时间就超越了链家 17 年的积累。贝壳用 3 年时间，实现规模数倍于链家。一个水平开放平台和一个垂直封闭商家，增长空间完全不一样，这就是升维的力量，这就是用新维度打开了一片新天地。

正如左晖所说："我们是在和旧的理念和旧的思维模式做竞争，而不是和具体的哪个对手竞争。贝壳必须要干掉链家。"

回顾整个 U 型思考。最初定义的核心问题是，制约链家交易规模持续增长的障碍是什么？接下来我们运用的是框架法，挖掘出的问题本质是，持续增长的市场空间和传统增长模式出现了矛盾。怎么破解？我们运用的是升维法，通过升维思考，构建行业协作平台，提升行业整体效率。最终落地部署的时候，我们运用价值网法，分析得出了重构团队、构建 ACN、数字化等几项关键举措。至此，我们完整地运用 U 型思考剖析了贝壳的案例，如图 5-43 所示。

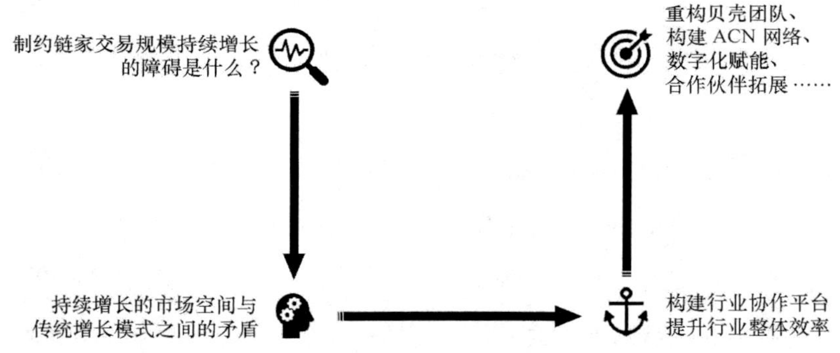

图 5-43　U 型思考：制定解决方案

从研究者的角度看，客观说，贝壳现在还在路上。一方面，贝壳取得的成就有目共睹；另一方面，贝壳的未来，还面临诸多不确定性。但贝壳的探索对于房地产行业乃至整个商界，是有重大创新贡献的，这是值得肯定的。

第一，贝壳构建了企业间的协作网络。

第二，贝壳通过数据化、标准化，整体提升了产业链效率。

第三，贝壳完善信任机制，推动行业发展。信任是无价之宝，能帮助一个缺

乏信任的行业重新构建信任，是有意义的。

在整个案例的研究中，我们可以感知到，左晖以及整个管理团队，不仅仅在思考制约链家、贝壳增长的障碍是什么，更是在思考制约房地产中介行业发展的障碍是什么。后面的所有决策和行动，都是从对“大问题”的思考出发的。

归根结底，一个人能取得多大的成就，取决于你能定义并解决多大的问题。

第 6 章

U 型思考之【立】：想清楚，干明白

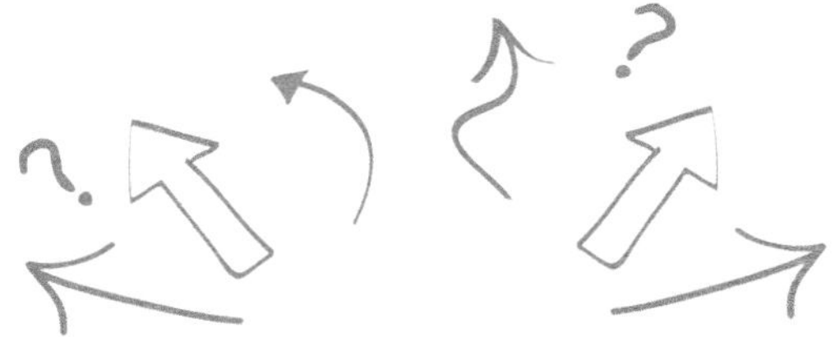

> 善弈者，通盘无妙手。
>
> ——围棋谚语

第1节　创造未来

《道德经》里有一句话，叫作“道生一,一生二,二生三,三生万物”。借用这句话，梳理一下U型思考的整体逻辑，如图6-1所示。

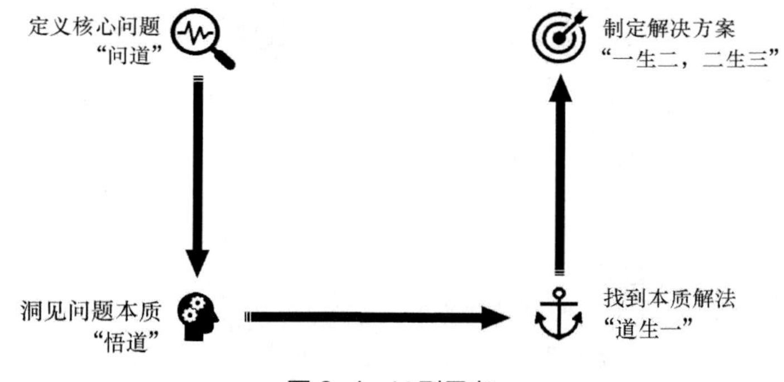

图6-1　U型思考

【问】定义核心问题，为“问道”。

【挖】洞见问题本质，为“悟道”。

【破】找到本质解法，为“道生一”。

【立】制定解决方案，为“一生二,二生三”。

U型思考,先【问】后【挖】,不【破】不【立】。在U型思考前一个环节【破】的部分，我们得到了本质解。本质解是我们在某个领域笃定明确的构思，是我们解决问题的中心思想、指导原则和内心定见，是整个U型思考的“一”。

本章进入【立】的部分,也就是“制定解决方案”部分。制定解决方案指的是，在本质解基础上明确策略，整合资源，部署实施，最终把想法变成现实。这个部分是 U 型思考的“一生二，二生三”。

如何从本质解出发，制定解决方案呢？

比如某位项目经理，把成为一名教练型的团队领导者，作为带好团队的本质解。那么如何基于这个本质解做部署，进而将其变成现实呢？

首先要找到工作突破口，比如说这位项目经理需要每周给团队成员进行业务培训和一对一辅导。如果这个突破口见效的话，那么他可以在团队中尝试更多的教练式管理做法，比如学习分享、头脑风暴、共创研讨、以老带新等。运行一段时间之后，这种教练型领导风格是否见效？他还要听取反馈和深度复盘。在这个案例中，这位项目经理围绕“教练型领导”这个本质解，有清晰的推进路径，包括选择突破口、更大范围实施、反馈改善等。

再比如某位职场新人，把提升自己的提问能力，作为职场初期个人成长的本质解。接下来，这个本质解如何具体操作呢？要先找到优质的课程和经典的书籍，学一学如何提出好问题。在这个过程中，还可以请教身边的同事或专业教练，给自己一些指导。还可以加入相同爱好者的学习社群，彼此鼓励和帮助。此外，最重要的是坚持常态化练习，定期研讨，每日实践。在这个案例中，这位职场新人的思路很清晰，围绕“提升提问能力”这项本质解，来整合各类资源，包括课程、书籍、老师、社群、练习，确保自己的本质解达成。

再比如，快手战略的本质解是“AI 驱动的移动互联网短视频社群”，围绕这个本质解，快手的管理团队部署了这样几个关键任务：第一，流量的普惠分配，给普通的内容创造者更多露出的机会，鼓励内容创作者开展创作；第二，帮助内容创作者与粉丝彼此连接，深度互动，形成良好的社群氛围；第三，对于内容消费者，基于人工智能算法进行精准匹配，你喜欢看什么内容，系统就不断给你推荐更多的内容；第四，在内容社群快速发展的基础上，开展直播、电商等业务，帮助内容创造者把流量变现，营造丰富的产业生态。在这个案例中，快手基于自己战略的本质解，进行了系统化的商业模式部署。

U 型思考【立】模块的主旨，最重要的就是三句话：第一，想清楚；第二，配资源；第三，做部署。

当你有了本质解之后，首先要把这件事的核心策略、运作要点想清楚，我们将使用飞轮法，让自己想清楚。

做事是离不开资源的，接下来要围绕本质解进行资源配置，我们将使用价值网法来整合资源。

最后要围绕本质解，对即将采取的行动进行清晰部署，逐步推进实施，我们将通过画布法来实现这一点。

简单说，在 U 型思考【立】模块，要明确地回答以下三个问题。

第一，你是否想清楚了下一步的策略路径？

第二，你是否整合了必要的资源？

第三，你是否做出了系统化的执行部署？

想清楚、配资源、做部署，尽管这三个方法并不相同，但是它们有明显的共性。

第一，要输出清晰且可操作的举措，能够解决初始问题。

第二，要严格遵循本质解，始终把本质解作为中心思想。

第三，要有清晰的分析逻辑，从本质解推导开始，借助每种方法独有的结构性分析，科学地形成最终解决方案。

U 型思考，【问】【挖】【破】【立】。前面三个模块，重点都在于思考，但在【立】这个模块，不仅要思考，还要准备行动。正是由于【立】这个模块的存在，让 U 型思考变得更丰富、更有活力、更知行合一。

我们运用 U 型思考分析问题，也要解决问题；

我们运用 U 型思考挖掘本质，还要有效行动；

我们运用 U 型思考认知当下，更要创造未来。

第 2 节　飞轮法：成长之旅

U 型思考，【问】【挖】【破】【立】。【立】这个环节最重要的是，把本质解的构思落地实现，关键要做到想清楚、配资源、做部署。

其中的“想清楚”，包括对于本质解的落地，如何精准地切入？切入之后如何进一步延伸做大？做了一段时间之后，如何及时地校正？飞轮法就是把思路想清楚的方法。

如图 6-2 所示，飞轮法是一个不断增强、循环放大的过程，形如一个旋转的飞轮。飞轮法是一个人或一个组织，从本质解出发，以解决问题为导向，明确思路策略的方法。我们解决一个问题、面对一个领域、做好一件事情，都可以遵循飞轮法这个模型。

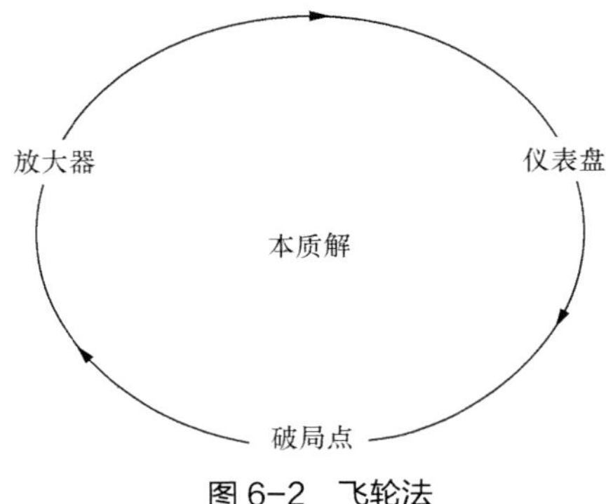

图 6-2　飞轮法

飞轮的中心，是在U型思考前一个环节中产生的本质解。这个本质解是我们面对每件事的笃定的“一”，也就是我们对待事情的中心思想、指导原则或决策定见。后面所有的决策和行为，都是基于本质解生发出来的。本质解是飞轮法的根。

有了本质解之后，首先要有一个切入点，叫作破局点。破局点是指我们在做事的时候，准确切入要害，一举撬动全局的关键点。我们在解决一个问题的时候，往往有很多可选的行动，但我们要追求的是，直指核心地进入问题的枢纽、要害或关键环节，一针见血，准确切入，推动整个飞轮开始转动。

飞轮转动起来之后，我们要争取找到某种机制或资源，把付出的努力放大，也就是争取“事半功倍”，推动飞轮快速转动，这个环节叫作放大器。

飞轮转动一段时间之后，到底有没有达到最初的预期呢？是不是符合最初的构想呢？飞轮里面还有一个环节是仪表盘，来帮助你进行反馈和改善。仪表盘就是自我反馈、自我评估、自我复盘的一种机制，是对飞轮效果是否达到预期的衡量和校正。

从以上的描述可以看到，飞轮法本质上是一种做事的思考模式。飞轮法鼓励你无论做任何事情，要先建立笃定的本质解，按照破局点、放大器、仪表盘的思维方式去形成策略。以本质解为根本，以破局点切入，以放大器加速，以仪表盘校正，这就是飞轮法。

举一个例子。在各行各业都有很多值得尊敬的专业工匠，无论是一个艺术家，还是一个厨师，还是一个产品经理，很多人专注在自己的专业领域，秉持工匠精神，把自己的作品打磨得尽善尽美。

专业工匠的本质解是什么？追求极致。所有真正的专业工匠，骨子里都是追求极致精神的人，这是他们安身立命的根本。破局点是什么？专业工匠通过高品质作品赢得认可、开创事业、获得机会。比如，宫崎骏的动画、乔布斯的苹果手机，是他们对世界完成表达、撬动事业发展的破局点。放大器是什么？口碑相传与媒体传播。仪表盘是什么？用户评价与转介绍率。优秀的专业工匠，最终都获得了用户良好的反馈与更多的推荐。旋转的飞轮给专业工匠们带来了更多商业机会，但也对他们提出了更高的要求。比如说，专业工匠的作品不能出现任何瑕疵，因为这时候用户对于你的期待已经非常高了，不容易出现闪失。如果专业工匠能把握好这个飞轮，能够持续创作出高品质作品，能够不断赢得更好的口碑和更广泛的传播，能够满足越来越挑剔的要求，那么这个飞轮就会越转越好，如图 6–3 所示。

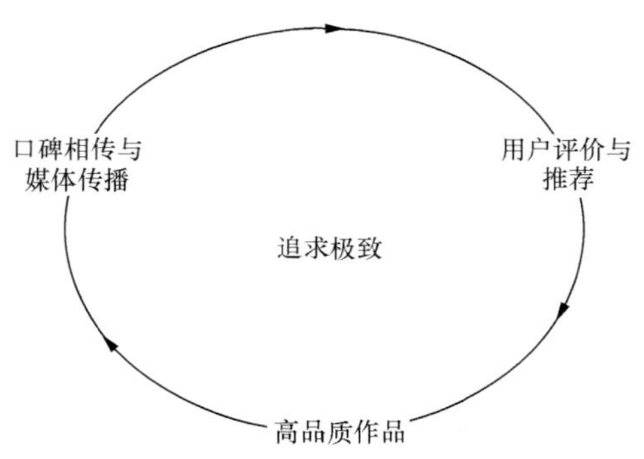

图 6–3　飞轮法示例：专业工匠

再举一个例子，短视频内容创作越来越多，越来越多的创作者在抖音、快手或 B 站上做得都很棒。我们分析一下这些创作者的业务飞轮是怎样的，如图 6–4 所示。

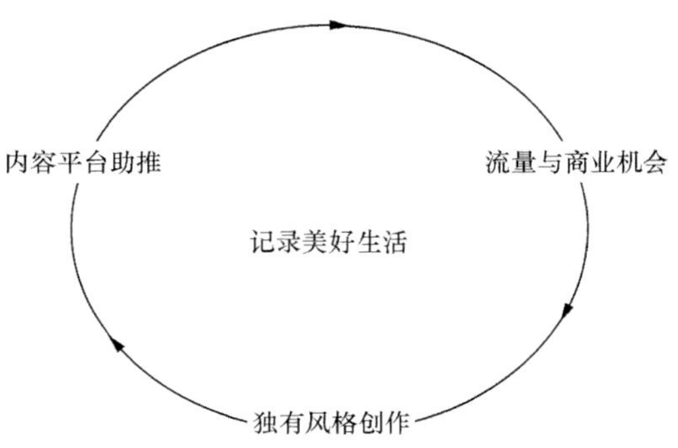

图 6–4　飞轮法示例：视频内容创造者

视频内容创作者的本质解是什么？记录美好生活。每个人都有自己的审美标准和独特视角，借助于智能手机的普及，把平时生活中美好的场景记录下来，分享给更多人，这是许多创作者的创作出发点。破局点是什么？是独有风格创作。创作者需要找到自己独特的风格，记录生活或记录工作，展示美景或展示美食，建立社群或带货直播，或幽默或渊博。总之，创作者需要有独特的风格作为破局点，让越来越多的用户喜欢自己，关注自己，这样才能开启自己的事业飞轮。放大器是什么？是主要的内容平台。创作者离不开平台的助推，包括抖音、快手、B 站、微信短视频、微博、今日头条等，这些平台帮助你的作品进行更广泛的传播，帮助你建立自己的粉丝群。平台把创作者的才华进一步放大，平台就是放大器。仪表盘是什么？评价一个视频内容创造者的飞轮运转是否顺利，可以看他是否赢得了更多流量，是否获得了更多商机，这通常可以作为创作是否成功的标志。在每个内容平台上，都有大量的创作者，每天很努力地创作视频内容，开展直播。得益于平台的助推，他获得了很多的流量，也迎得了商机，改善了自己的生活，帮助好商品传播，这就是用好飞轮带给创作者的价值。每个创作者都可以根据这几个指标的表现，及时校正自己的事业飞轮。

下一个案例是京东电商。京东自创立伊始，一直聚焦零售的本质：效率、价格和体验，以提高效率带来有竞争力的价格，进而实现消费者的良好体验，这也是京东安身立命的根本。接下来，站在消费者角度思考一下，你认为京东电商做得最好的一件事是什么？可能绝大多数消费者的回答都是，京东的高效物流。京东始终高度重视物流，又经过多年的连续投入，始终把高效物流作为它最重要的破局点。高效的物流带来很好的效果，用户的口碑越来越好，由此带动流量和交易规模也在不断增加。京东作为一个双边平台，当用户这一侧增加之后，自然会吸引更多优质的供应商和京东合作，所以用户和供应商都在不停地增长，这就是双边平台带来的放大器效应。经营的结果反映到仪表盘上，就是规模的增长，包括用户规模、收入与利润规模、供应商规模、商品种类规模等，这些都能够反映出京东电商的飞轮运转是否顺畅。同时越来越大的规模，也会不断孵化出一些新机会，比如下沉市场、企业采购、新商品品类、互联网金融、独立物流服务、数字化技术等，一个好的飞轮必然会带来全新的机会，这一点本身也反映了飞轮运转是否健康，如图 6-5 所示。

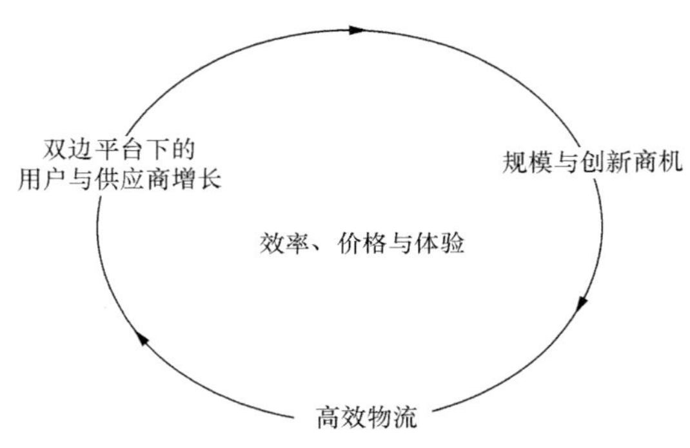

图 6-5　飞轮法示例：京东电商

总结一下，好的飞轮，通常满足以下几个特点：第一，本质解根基坚实。通俗讲，就是事情想得很透彻。如果你能准确地运用 U 型思考，先问后挖，提出好问题，再深刻地挖掘出问题本质，然后基于问题本质生成本质解，那么这个本质解就是坚实的。第二，破局点准确锐利。破局点要像一支箭一样，直击要害，撬动全局。第三，放大器加速有力。加速器要能产生杠杆效应，让你的努力事半功倍，快速放大。第四，仪表盘校正及时。要形成某种反馈改善机制。如果在做事的过程中，出现问题或未达预期，则这种反馈改善机制能够及时纠偏，让飞轮回到正常轨道上来。如果达到了预期，则证明本质解和飞轮都是正确的，可以进一步强化信心，从而有利于进一步获取资源，推动飞轮持续良性运转。

总结一下，飞轮法在运用中有哪些关键点？

（1）找准破局点。

当我们要开始做一件事的时候，往往是千头万绪，一定要有一个非常锐利的破局点。

在个人职业生涯的成长过程中，破局点通常是自己的成果。比如说你是一名教师，那么破局点就是你的课。如果你是一名作家，那么破局点就是你的一本书、一篇文章。

在企业创新过程中，破局点通常是用户的需求得以满足。比如美团外卖，它满足的用户需求是安全快捷的递送。所以当你做一个产品的时候，如果不知道该怎么找破局点，那你就想一下，用户对产品有什么期待和需求，你满足了这些需求，就找到了产品的破局点。

（2）连接放大器。

最典型的放大器就是用户的自增长机制。比如，我们经常说的一传十、十传百，这种口碑效应就是一种良好的自增长机制。还有平台效应，比如京东，由于用户多了，那么优质的供应商自然就会多，优质的供应商多了，又会吸引更多的用户，从而形成了双边的正反馈，这也是一种很好的自增长机制。

再有一类典型的放大器是资源平台。例如对于创作短视频的人来说，离不开的资源平台是抖音、快手、B 站、微信；对于创作文案的人来说，离不开的平台是微信、微博；对于做电商的人来说，离不开的资源平台是淘宝、天猫、京东、拼多多。

还有一类典型的放大器是某种特定的发展红利。比如说新基建、碳达峰、碳中和的产业政策，对于从事基础建设、能源领域的企业来说就是一个放大器；再比如“双减“政策，对于从事素质教育的机构是一个利好。

（3）重视仪表盘。

通过仪表盘来分析有没有达到预期目标，并以此作为目标的反馈迭代机制。透过仪表盘，不仅要看到有多成功，而且要看到有没有潜藏的危机，有没有自己看不到的认知盲区，其中包括看到潜在的竞争，看到市场的变化，看到新兴的技术，看到公司的短板，看到社会公众对企业的要求和期待等，这些都要在仪表盘上有所体现。仪表盘最应该起到的作用是，让人发现问题并警醒。

（4）确保可持续。

飞轮的第一圈转动，总是最难的。比如找到你的第一个客户，谈下第一个订单，创作第一个作品，这个阶段一定要付出极大的努力，投入你的时间、你的努力、你的资源，让飞轮转动起来。

在前期，飞轮会比较滞涩，比如破局点没有完全选准，放大器没有发挥作用，仪表盘好像也不太明确。在这个过程中，要不断地抹除各方面的障碍，就像加润滑油一样，让飞轮顺畅转动。

到了中后期，这个飞轮已经越转越顺畅了。为了让飞轮持续健康地转下去，对于飞轮要进行持续校正与迭代，关键是要发挥好仪表盘的作用。每当飞轮出现问题的时候，仪表盘要及时地发出告警声，进行及时的校正。

基于 U 型思考的本质解，把该做的事情想清楚，关键是用好飞轮法。飞轮法对于我们最大的价值在于，它提示我们，要想把本质解落地，要想把事情做好，靠的不是灵光一现的点子，而是生生不息、持续运转、不断迭代的机制。

善弈者，通盘无妙手。

第 3 节　价值网法：盘活你的资源

U 型思考，【问】【挖】【破】【立】。【立】的部分，也就是从本质解出发去解决问题，在这个过程中最重要的是“想清楚、配资源、做部署”。其中，“配资源”对应的是价值网法。

世界上万事万物的生存发展，都离不开必要的资源。一棵树的成长离不开阳光、雨露、土壤，一个人的成长离不开亲人、师长、朋友，一个企业的成长离不开客户、供应商、资金等。一个人或一个组织周边的资源要素，滋养了人或组织的成长，我们称之为价值网。

企业周边的价值网有什么呢？一般来讲包括这样四类价值网。

客户价值网：没有客户就没有订单，企业就活不下去，所以企业必然有自己的客户，这些客户加在一起就形成了客户价值网。

供应商价值网：任何一个企业必然有自己的供应商，如果没有供应商，企业就没法生产，没法制造自己的产品。一般来说，企业上游的原材料、工艺、技术、配件、人才等供应商，总体称为供应商价值网。

合作伙伴价值网：一个企业总会有自己的合作伙伴，比如经销商、代理商、加盟商构成的渠道合作伙伴，如电商、短视频、直播平台等构成的线上合作伙伴，再如大学、专业实验室、技术联盟企业构成的研发合作伙伴，这些合作伙伴我们统称为合作伙伴价值网。

资本价值网：每个企业的生存和发展都需要资本，股东、银行、风险投资机构等投资方或资金提供方，构成了资本价值网。

企业的这几类价值网，即客户价值网、供应商价值网、合作伙伴价值网和资本价值网，滋养和支持了企业的生存和发展，是企业发展中不可或缺的。

每个人周边也有价值网，主要包括以下四类。

客户价值网：这里的客户可以广义地理解为“服务对象”，世界上绝大部分人都有自己需要服务的对象，比如商界人士有自己的客户，厨师为食客提供服务，互联网产品经理为用户提供服务，政府公职人员为市民提供服务等，这些我们统称为客户价值网。

平台价值网：一个人的职业发展离不开平台，平台可以放大一个人的能力，让你有可以借助的更大的资源，帮助你实现更大的抱负。最典型的平台就是你供职的企业或单位，一个人的才华、天赋、勤奋，需要借助这个平台得以实现价值。此外，大量涌现的互联网平台，例如淘宝、天猫、京东、拼多多、小红书、美团、抖音、快手、B 站等，放大了个体的力量，让一个普通人的才华和创意，可以被更多人看见，可以获得足够的回报。这些我们统称为平台价值网。

合作伙伴价值网：每个人在自己的职业生涯中，要和许多人形成合作关系。比如销售合作伙伴、研发合作伙伴、供应链合作伙伴等，这些合作伙伴也许和你在同一个项目组，也可能与你分属于不同企业。在一个协作日益紧密的世界里，每个人都有自己的合作伙伴价值网。

可用资源价值网：在一个人的周边，有许多可以借助、运用的资源。比如每个人都有自己的家庭和亲属，每个人都有自己的小学、中学或大学校友，每个人都有自己的老乡、朋友或同事。从另外一个角度看，随着社会的发展，各类基础设施、公共服务、知识资讯等，也构成了每个人都可以借助的可用资源。这些我们统称为可用资源价值网。

客户价值网、平台价值网、合作伙伴价值网和可用资源价值网，构成了每个人周边的价值网。从价值网的视角来看，人的一生都是以“人在网中央”的方式度过的。

介绍完价值网，回到本节的主旨，什么叫价值网法？

价值网法是围绕本质解进行资源配置的方法。民谚中常说“巧妇难为无米之炊”，本质解要转化为行动，是需要必要资源的，否则很难实现。根据价值网的实际状况，为价值网补充资源，推动本质解落地实现，这就是价值网法。

价值网法在实际操作中，可以遵循以下几个步骤。

前置条件：一定要有一个笃定的本质解，作为行动指南。

第一步，分析价值网现状，评估价值网哪里强、哪里弱。

第二步，识别价值网中亟待强化补充的资源要素。

第三步，针对性优化价值网。

假定我是一个希望提升自身思维能力的人，那么如何运用价值网法把思路转化为行动呢？如表 6–1 所示。

表 6–1　价值网法示例：思维能力提升

第零步（前置条件） 明确本质解	第一步 分析价值网现状	第二步 识别资源要素	第三步 针对性优化
思维能力提升的关键在于刻意练习	客户价值网：暂无影响； 平台价值网：缺失； 合作伙伴价值网：缺失； 可用资源价值网：缺失	平台价值网：刻意练习场景； 合作伙伴价值网：思维训练的爱好者； 可用资源价值网：课程	加入合适的练习平台； 寻找同伴； 选定课程、购买书籍

前置条件，思维能力提升的本质解是什么？假定这个问题在 U 型思考的前面环节中已经完成。思维能力提升的关键在于刻意练习，刻意练习就是这件事的本质解。

第一步，分析价值网现状。

个人价值网包括客户价值网、平台价值网、合作伙伴价值网和可用资源价值网。围绕刻意练习这个本质解，分析价值网现状。

首先，扫描客户价值网。这件事跟客户价值网没什么关系。其次，扫描平台价值网。做思维刻意练习，最好是在一个平台上，找到刻意练习的专业方法，建立每日练习的场景，这样效率将会大增。但是现在没有运用这样的平台，因此平台价值网是缺失的。再次，看一下合作伙伴价值网。刻意练习需要一些协作的伙伴，相互学习，相互磨砺，彼此给予反馈和支持。现在也没有这样的合作伙伴，因此合作伙伴价值网也是缺失的。最后，扫描可用资源价值网。做思维的刻意练习，通常要借鉴一些相关的书籍、课程、案例等，但这些知识资源现在也没有。因此对价值网扫描得出结论：平台价值网缺失、合作伙伴价值网缺失、可用资源价值网缺失。

第二步，识别价值网中亟待强化补充的资源要素。

根据前一个环节，平台价值网方面，我要找到一个具有刻意练习场景的平台，使自己的练习可以得到指导或反馈。在合作伙伴价值网方面，我要找到一些伙伴，这些伙伴跟我一样都喜欢进行思维能力的刻意练习。在可用资源价值网方面，我现在最缺的就是一些好的课程。

第三步，针对性优化价值网。

根据前一个环节，我准备加入一个专门致力于思维训练的俱乐部，这里有非常好的练习机会，每周我都可以在这个互动学习平台中训练。此外，我找到了几位喜欢思维训练的同道中人，大家各有所长，通过定期、不定期的交流相互促进。还有，我选购了一些思维训练方面的在线课程，比如选择了 U 型思考课程等。

通过以上几个行动，我补充完善了自己的平台价值网、合作伙伴价值网和可用资源价值网。最重要的是，我一开始只是懂得一个道理，提升思维训练的本质解在于刻意练习，而接下来，我采用价值网法，围绕刻意练习配齐了资源，转化为行动。相信通过扎实的努力，我一定能提升自己的思维能力。

再举个例子，今天创作短视频内容的人越来越多。假设有这样一位有一定知名度的创作者，在内容创作方面很有天赋，也拥有自己的粉丝社群，我们用价值网法分析一下他下一步的突破方向，如表 6-2 所示。

表 6-2　价值网法示例：创作短视频

第零步（前置条件） 明确本质解	第一步 分析价值网现状	第二步 识别资源要素	第三步 针对性优化
发挥天赋特长，持续打造爆款产品	客户价值网：暂无影响； 平台价值网：待优化； 合作伙伴价值网：缺失； 可用资源价值网：暂无影响	平台价值网：二次元创作；内容不适合快手； 合作伙伴价值网：必须找到更多运营支持伙伴	注册 B 站账号，开展创作； 选择专业运营合伙人

前置条件，经过 U 型思考分析，这位创作者明确了自己职业战略的本质解。他做短视频内容，就是要发挥自己的天赋特长，持续地打造具有个人风格的爆款内容产品。这是一个很清晰的职业战略本质解。但接下来的问题在于，价值网是不是足够支持他，把这个想法真正落地实现呢？

第一步，分析价值网现状。个人价值网包含客户价值网、平台价值网、合作伙伴价值网和可用资源价值网，让我们逐一扫描一下。首先做短视频一定是给用户看的，因此客户价值网很重要，这位作者现在已经拥有了很多短视频粉丝，并且还在不断增加，客户价值网表现还不错。再看一下平台价值网，现在这位作者选择的短视频平台是快手，但是他下一步主打的视频内容，将会主要以二次元为主，因此感觉创作的内容与快手的用户群不太适合，平台价值网有问题。再看合作伙伴价值网，作者发现，做短视频光靠一个人是不够的，因为短视频内容创作这件事越来越复杂，越来越专业。作者一个人只能完成简单内容拍摄上传，还需要有人帮自己策划、选题、拍摄、剪辑、引流、传播等，此外，还需要广告、电商、品牌等方面的合作伙伴，所以合作伙伴价值网是缺失的。最后，在可用资源价值网方面，暂时还不需要更多的资源。

第二步，识别资源要素。从价值网整体来看，现在亟待改善的是平台价值网和合作伙伴价值网。平台价值网方面，当前作者所选择的快手平台，并不完全适合二次元内容的传播，如果下一步内容转向二次元方面，那么就要选择新的、适合二次元内容的平台。合作伙伴价值网方面，作者要完善自己的团队，要有人懂品牌宣传，有人懂 IP 打造，有人懂引流，有人懂内容策划，构建一个强大的内容

创作团队。

第三步，针对性优化。具体动作包括，注册 B 站账号开展创作。B 站是二次元风格的主流平台，下一步要把 B 站作为内容创作的主平台，在 B 站上面开展创作、传播内容、构建社群并形成商业闭环。此外，要选择专业的运营合伙人组建团队，这样才能把当前的事业持久地坚持下去。

这个案例最初只有一个职业战略的本质解，就是要打造爆款的短视频产品。但是通过价值网法，我们慢慢梳理清晰自己的价值网哪方面还薄弱、哪方面还存在问题，从而可以进行有针对性地提升，这就是价值法的价值。

下面分析一个商业案例。我们用价值网法分析一下美团外卖这个餐饮外卖平台，如表 6–3 所示。

表 6–3　价值网法示例：美团外卖

第零步（前置条件） 明确本质解	第一步 分析价值网现状	第二步 识别资源要素	第三步 针对性优化
以高效安全服务领跑外卖市场	客户价值网服务压力大； 供应商价值网不稳定； 合作伙伴价值网待完善； 资本价值网暂无影响	客户价值网服务严控； 供应商价值网的人力资源供应亟待保障； 合作伙伴价值网必须拓展流量来源	开展用户体验增强计划； 扩展人力资源供应来源与方式； 与各类流量入口、原材料供应商、技术服务商合作

前置条件，美团外卖下一步发展的核心是什么？经过 U 型思考分析，我们得出一个本质解，以安全高效服务，持续领跑外卖市场。这里面首先强调的是作为餐饮外卖，涉及食品安全、交通安全、客户隐私等，所以安全是前提。此外，外卖这个业务的本质是，要提高整个餐饮产业链的效率，所以强调高效。同时，服务强调的不仅仅是对用户的服务，还包括对餐饮店及外卖小哥的服务等。所有的这些，最终要转化的结果是，使美团在外卖市场上持续领跑。有了这么雄心勃勃的战略本质解，那么接下来就要扫描一下价值网是不是足以支持本质解达成。

第一步，分析价值网现状。企业价值网包括客户价值网、供应商价值网、合作伙伴价值网和资本价值网，要逐一分析。

首先看美团外卖的客户价值网。作为一个双边平台，美团外卖的客户价值网既包括点外卖的用户，也包括送出外卖的餐饮店。总体来说，服务压力在不断加大，因为中国餐饮外卖的需求在不断增加，用户对于健康的、安全的饮食会越来越在意，餐饮行业也面临全面的转型升级，这是客户价值网要面对的。

其次看供应商价值网。在美团外卖的履约交付中，最核心的队伍就是外卖小哥队伍，这些外卖小哥是以人力资源外包服务的形式，由专业的人力资源供应商给美团提供服务。外卖需求的不断增长、竞争性业务的争夺，以及政策法规的要求，会对美团外卖小哥的人力资源补充带来很大的压力，在局部区域可能出现不稳定现象。

再次看合作伙伴价值网，其在总体上也有待完善，这是因为美团外卖作为一个超级平台，需要的合作伙伴很多。仅以流量为例，尽管美团自己就是一个巨大的流量池，但仍然要不断地汇聚流量，再把流量转化为交易，因此美团需要不断加强和流量入口类合作伙伴的合作。再比如美团通过数字化技术，为餐饮商家赋能，提升餐饮供应链效率，因此也需要不断增强和数字化技术供应商的合作。总体来说，对于美团，合作伙伴价值网需要持续完善。

最后看一下资本价值网，美团的业绩表现一直很好，现金流正常，同时作为上市公司融资渠道顺畅，所以资本价值网暂时没有什么挑战。

第二步，识别资源要素。

美团价值网需要完善的是什么呢？客户价值网方面，要做好的事情就是服务的严控，对于用户的服务和餐饮商家的服务，都需要持续提升。供应商价值网方面，需要保证稳定的人力资源供给。合作伙伴价值网方面，需要持续加强与流量、技术、市场、品牌等各方合作伙伴的合作，做大美团商业生态。

第三步，针对性优化。

针对以上分析，采取针对性举措，对价值网进行补缺强化。在客户价值网方面，美团需要持续开展客户体验增强，保证饮食安全、快递安全、供应链安全、

客户隐私安全等。在供应商价值网方面，要想方设法扩展人力资源供应的来源，包括更多的招聘渠道、更弹性的雇佣方式、更灵活的用工外包合作等。在合作伙伴价值网方面，可以加强和各类流量平台的合作以获取流量，可以和更多的优质食材原产地合作以提升对餐饮供应链的服务能力，可以和更多的数字化技术提供商合作以提升技术服务能力。

在这个案例中，美团的战略本质解是以安全高效服务，持续领跑外卖市场，包括提高日订单量，覆盖更广阔的地域，提升全产业链的数字化服务能力等，这些都需要价值网的保障。所以美团需要持续扫描各类价值网，持续地巩固强化。再好的战略也需要强大的价值网支持，才能得以实现。

价值网法在运用中需要注意的是，第一，在使用价值网法之前，可以先使用飞轮法想清楚策略逻辑。第二，根据想清楚的策略逻辑，规范地沿着价值网法的三步法，逐一地扫描补强价值网。第三，要特别注意不要被旧价值网所束缚。很多时候，根据新的本质解，需要我们冲破原来的价值网，或者说对原来的价值网进行重大变革，这个时候一定要避免陷入对旧价值网的过度依赖。人是在不断成长的，企业也是需要不断变化的，要勇于撕破旧的价值网，构建新的价值网。

一个好汉三个帮，就算是能力再强的人，实力再强的企业，都需要价值网的支持和滋养。价值网法就是这样一个方法，它可以帮助你盘点资源、梳理资源、整合资源，并且提醒你，聚势方能成事。

第 4 节　画布法：善谋全局者胜

U 型思考，【问】【挖】【破】【立】。【立】的部分，也就是从本质解出发去解决问题，在这个过程中最重要的是“想清楚、配资源、做部署”。其中，“做部署”对应的是画布法。

画布法指的是，围绕一个人的成长或一个组织的发展，从本质解出发，通过模块化、结构化的分解，做出具体部署的方法。

我们在画布法中使用的工具是商业模式画布。商业模式画布由《商业模式新生代》作者亚历山大·奥斯特瓦德（Alexander Osterwalder）、伊夫·皮尼厄（Yves Pigneur）、蒂姆·克拉克（Tim Clark）开发。本节运用商业模式画布，作为本质解部署落地的实战工具。

商业模式画布在实战运用中可以分为两个版本，一个适用于企业，另一个适用于个人。

先介绍一下企业版的商业模式画布，它共分为九个模块，很好地体现了商业的主要要素与逻辑，如图 6-6 所示。

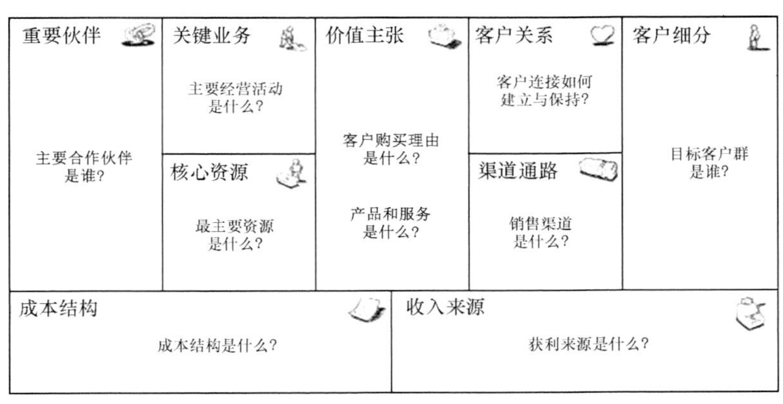

图 6-6　画布法（企业版）

（1）模块一，客户细分。

首先从客户出发，体现了画布法以客户为导向的基本风格。企业的客户群可以细分为哪几类？哪个细分客户群是我的目标？目标客户群的需求是什么？

（2）模块二，价值主张。

价值主张指的是客户购买或使用的理由。价值主张是商业模式的灵魂，它的重要性怎么强调都不过分。所有的好产品都有一个强有力的价值主张。价值主张的具体载体就是企业的产品或服务。

（3）模块三，渠道通路。

渠道通路一般指商品到达客户的销售渠道，例如客户经理、代理商、经销商、终端店面、呼叫中心、电商网站、App 等，这些都是企业可能的销售渠道。

（4）模块四，客户关系。

一个企业如何与客户保持长期的、紧密的连接？这个模块要回答的就是保持客户关系的主要方式，例如客户俱乐部、在线社群、数字化终端设备、论坛、会议等。

（5）模块五，关键业务。

关键业务可以理解为企业关键的经营活动，也就是为了确保商业模式的顺畅运转，需要做好哪些事情。例如，人员招聘、技术研发、产品推广、渠道搭建等，这些都是我们在企业中常见的主要经营活动。

（6）模块六，核心资源。

任何企业做事都离不开资源，包括人财物、原材料、技术、数据、品牌、流量、资质等，这些都是企业经营中需要的资源。

（7）模块七，重要伙伴。

任何企业做生意都离不开合作，包括供应商、研发合作、行业协作、生态同盟等。每个企业都需要通过合作，让自己进入某个产业链或某个商业生态之中。

（8）模块八，成本结构。

企业的投入是怎样构成的？包括原材料成本、研发成本、营销成本、运营成本、人员成本等，这些是企业为保障商业模式运转的必要投入。

（9）模块九，收入来源。

一个企业到底怎么赚钱呢？比如说是通过项目收费来赚钱？是通过商品销售来赚钱？是通过把流量转化为广告来赚钱？是通过资产租赁来赚钱？这些都是收入来源，也代表了不同的盈利模式。

以上九个模块加总起来，就构成了一个完整的商业画布。如果企业战略有一个清晰笃定的“本质解”，在此基础上，把这九个模块依次分析清楚，那么整体的商业模式也就想清楚了。

举个例子，有一部我们很熟悉的电影，就是由开心麻花团队制作的《夏洛特烦恼》，票房收入超过了 14 亿元，口碑也很好，是非常成功的一部喜剧电影。

开心麻花团队打造电影的本质解是什么呢？我们总结为，运用可复制的方法论，持续打造爆款喜剧电影。开心麻花是国内著名的喜剧团队，对于如何制作好的喜剧电影，已经形成了自己的方法论，只需要不断滚动运用，就可以不断打造出优秀的喜剧电影。例如，开心麻花所选用的电影剧本，很多都曾经以话剧的形式在剧场舞台呈现，这有助于团队获得直接的观众反馈，从而持续不断地对作品

的情节、笑点和节奏进行迭代。当一个本子在剧场打磨得差不多之后，一方面剧本质量越来越高，另一方面也积累了大量的观众口碑，此时再把这个故事推上电影屏幕，就更容易获得成功。最近几年，除了《夏洛特烦恼》，开心麻花团队还推出了《羞羞的铁拳》《西虹市首富》等，都是按照这样的可复制方法论一步一步打造的。

有了这样的本质解，接下来要把想法转化为现实，需要对《夏洛特烦恼》进行完整的商业设计和落地部署，这就要用到画布法，如图 6-7 所示。

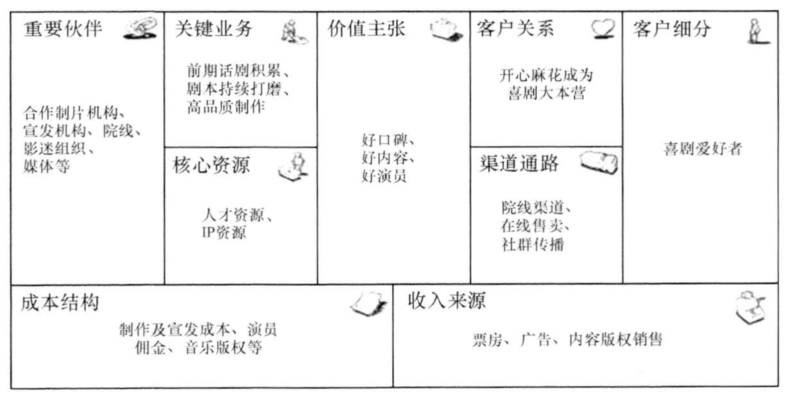

图 6-7　画布法示例：《夏洛特烦恼》

这部电影面向的客户群，主要是喜欢喜剧的电影爱好者。

这部电影的价值主张是什么呢？第一，好口碑。《夏洛特烦恼》在电影上映之前，剧场版已经上演过几百场，赢得了良好的口碑，积攒了大量的客群。第二，《夏洛特烦恼》这个故事不错，有青春追忆，有友情、爱情和亲情，有人生的反转，内涵很丰富，内容很精彩。第三，好演员。这部电影里面的演员都是国内知名的喜剧演员。所以，好口碑、好内容、好演员构成了这部电影的价值主张。

这部电影是如何到达用户的？通过院线渠道分销，通过在线 App 销售，通过社群口碑传播，这是它主要的渠道通路。

这部电影致力于跟客户搭建一个什么样的关系呢？开心麻花希望和观众共

同成就，成为喜剧的大本营，喜剧人才的大本营，好剧本、好故事、好作品的大本营。

这部电影运营中的关键业务是什么？其中包括前期的话剧积累，包括节奏、分寸、笑点等方面的经验沉淀。同时，在此基础上，剧本经过了再次打磨，精益求精。其制作也是非常精良的，无论是演员的表演，还是场景的布置等，都称得上是一部良心之作。

它的核心资源是什么？作为一个影视作品来讲，主要就是人才资源、品牌资源和 IP。

此外，这部电影如果要推出的话，一定离不开整个电影工业产业链的合作，包括制片方、宣发机构、院线、影迷组织、媒体等合作方。

它主要的成本有什么呢？其中包括制作和宣发成本、演员的佣金，还有相应的音乐版权成本等。

那电影上映之后它怎么收回投资呢？也就是它主要的盈利模式是什么呢？第一主要是靠票房，第二是靠广告收入，第三是靠内容版权的售卖。

总结一下，通过画布法系统化的商业逻辑，一生二，二生三，可以把本质解变成一个完整的商业模式。

再介绍一个案例。我们都很熟悉的一款 App——今日头条。今日头条的创始人张一鸣，最初在开发今日头条的时候，给这款产品设定的本质解，就是基于算法推荐，进行内容和用户的匹配。

我们作为内容的消费者，在今日头条看某个新闻的时候，其本质是人和内容之间的匹配。今日头条最宝贵的一点就是实现精准的推荐，通过用户的点击、浏览、阅读行为，系统就知道用户喜欢什么，然后匹配用户的喜好进行推荐，这就是今日头条的本质解。那么基于这样的本质解，如何把商业模式系统化地展开呢？还是要用到画布法，如图 6-8 所示。

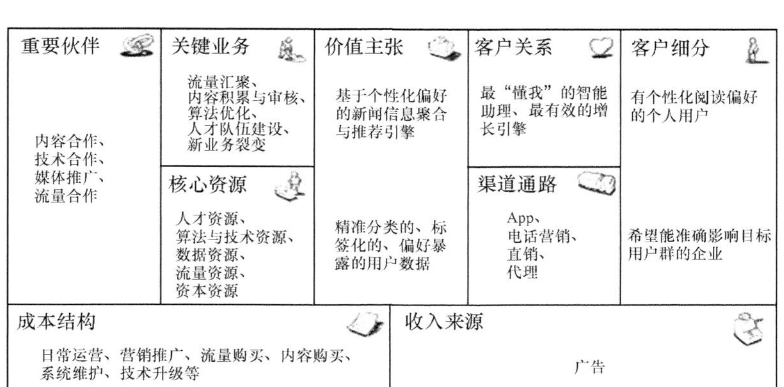

图 6-8　画布法示例：今日头条

首先看客户细分。今日头条是一个新闻客户端，同时也是一个双边平台，平台的一侧是读者用户，平台的另一侧是投放广告的广告主企业。今日头条在读者用户一侧获得大量流量，在另外一侧把流量转化成广告主所需要的商业机会。所以在客户细分里面，一类是有个性化阅读偏好的用户；另一类是广告主，希望精准地影响目标用户群并转变为购买者的广告主，比如家居企业、汽车企业、房地产企业等。

价值主张是什么？今日头条面向个人用户的价值主张，是基于个性化偏好的新闻信息的聚合和推荐引擎。今日头条本身并不生产新闻，它的核心是一个算法推荐引擎，聚合很多别人生产的新闻，然后根据用户的需要投递给用户。此外，它对企业级客户的价值主张，是精准的、分类的、标签化的、需求暴露的用户。比如，很多用户可能特别喜欢在今日头条上看旅游自驾类、汽车类的新闻，那这部分用户就是汽车厂商最渴望获得的潜在用户。

渠道通路是什么？对于个人用户，最主要的渠道就是这款 App 本身。对于企业客户，今日头条通过电话营销、代理渠道和直销等几种方式，完成销售。

客户关系是什么？对于个人用户来说，尤其是喜欢今日头条的用户一定有个感觉，那就是今日头条正在变成你的智能助理，不仅用于浏览新闻，还用于搜索资讯、社交评论等。对于企业客户来讲，它是一个有效的增长引擎，能让企业获客，获得商业机会，实现增长。

关键业务是什么？关键业务是为了让商业模式有效运转而必须做好的经营活动。具体包括什么呢？流量要不断汇聚，今日头条要不断吸引流量甚至自己还要在外面买很多流量；内容要持续积累，要有一个庞大的队伍结合机器算法进行内容审核；今日头条的核心竞争力——算法，需要持续优化；人才队伍的持续建设，创始人张一鸣对人才队伍的建设高度关注；再有一点就是新业务的裂变，今日头条后来又裂变出好几个其他的业务，大家知道的火山视频、西瓜视频等，都是从今日头条中裂变出来的。这几点就是今日头条的关键业务。

核心资源是什么？人才资源、算法和技术的资源、数据资源、流量资源、资本资源，这些都是今日头条发展中必不可少的资源。

重要伙伴是什么？内容合作方，今日头条需要海量的内容来满足海量用户的需求；技术合作方，今日头条始终要保持技术优势，离不开高质量的技术合作方；此外还包括媒体推广的合作和流量的合作等。

成本结构是什么？营销推广、流量购买、内容版权、系统维护、技术升级、日常运用等，这些都是今日头条商业模式中必要的投入。

收入来源是什么？今日头条到现在为止最主要的收入来源还是广告收入。

回顾一下，今日头条的战略本质解，是基于算法推荐的用户和内容匹配。通过画布法的系统分解，可以把这个本质解变成了整体的、系统化的、结构化的商业模式。在此基础上，一个企业就可以进专业化分工，确保商业模式得以落地贯彻。画布法最大的价值即在于此。

前面介绍的是企业版的画布，还有另外一个版本叫作个人版的画布。它还是借鉴商业模式画布的九个模块，但是里面的核心是围绕人的成长，每个模块的内涵也发生了一些变化，如图 6-9 所示。

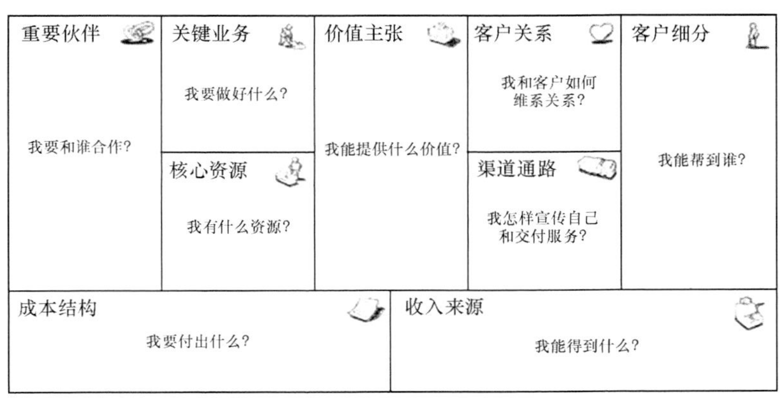

图 6-9　画布法（个人版）

模块一：客户细分。我能够帮助谁呢？每个人在这个世界上，总是要通过给别人创造价值而给自己带来价值。那么你能给谁创造价值呢？

模块二：价值主张。对于我的服务对象，我能够提供什么价值呢？我对外提供的服务，其价值核心是什么？

模块三：渠道通路。我怎样宣传自己呢？我怎样交付我的服务呢？比如，通过微信公号、抖音做宣传，通过在线直播把能力传播出去，这就是渠道通路。

模块四：客户关系。我和客户如何保持紧密的联系？我和客户如何维系关系？比如，要通过线下的活动或者线上的社群联系客户，通过课程、咨询、答疑的方式保持与客户的关系等。

模块五：关键业务。为了让自己的商业模式得以运转，必须要做好什么？比如，要做好知识积累、技能训练和营销推广等。

模块六：核心资源。我有什么资源？是知识、专业方法、人脉、财富、个人品牌，还是其他的什么？

模块七：重要伙伴。为了我的商业模式顺畅运转，我必须要跟谁合作？我要跟哪些职场平台、同行专家、流量入口展开合作？

模块八：成本结构。我要付出什么？可能是付出金钱、付出时间、付出辛苦等，这些都是要支付的成本。

模块九：收入来源。我能得到什么？可能会得到金钱、得到成长、得到意义、得到经验等，这些都是收获。

举个例子。每个职场人都希望自己的职业生涯越来越好，于是出现了一类专业人士，从事专业的职业生涯咨询，帮助别人成长，这样一类专业人士就是职业生涯顾问。

假设有这样一位专门面向大学毕业生提供咨询的职业生涯顾问，他的职业本质解是什么？我们总结为，借助专业手法和同理心，帮助年轻人找到最适合的职业生涯路线图。他一方面，要有专业方法；另一方面，要具有非常好的同理心，能够理解对方的苦恼和渴求。围绕这个本质解，具体怎么操作呢？这就需要用到画布法，如图 6-10 所示。

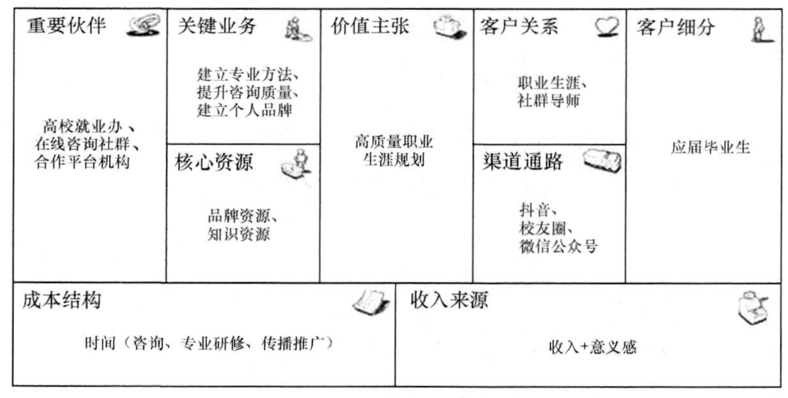

图 6-10　画布法示例：职业生涯顾问

他面向的客户群或者服务对象是谁呢？是应届的大学毕业生。他的核心价值主张就是高质量的职业生涯规划，帮助年轻人设计自己的职业生涯。他的渠道是什么？他可以借助抖音、微信公众号、各大学的校友社群，发一些专业的文章、课程的介绍，最大化地进行传播推广。像这样的一个职业生涯顾问，怎么跟他的服务对象之间保持联系呢？他可以加入一些大学的职业生涯的社群，

以担任就业导师的形式来保持跟潜在客户之间的连接。接下来，这位职业生涯顾问必须做好的关键业务有什么？必须得建立自己的专业方法，不断提高咨询服务质量，打造个人品牌。他有哪些资源呢？一方面是长期耕耘这个领域的专业品牌声望，另一方面是要不断积累案例、积累方法、积累知识，构建知识资源体系。从事这项工作需要与谁合作？要和大学的就业办公室建立良好的合作关系，还可以加入一些关于职业生涯咨询的社群，还可以找一些流量较大的平台机构，获得更多客源或者获得更及时的资讯。作为一名职业生涯顾问，要付出的成本是什么？最主要的就是时间，包括咨询交付的时间、自己学习研修的时间、用于传播和推广的时间等。那这位职业生涯顾问最后获得了什么呢？一方面，他可以获得收入，随着知名度和专业能力的提升，收入还会越来越高；另一方面，他还获得了意义感，因为这份工作帮助了很多年轻人，为别人的未来而努力，是非常有意义的。

借助画布法，职业生涯顾问可以把他内心的想法，变成开展下一步工作的系统化的思路，并一步步实现。

再分享一个案例。今天，在社会生活中，出现了越来越多的志愿者。这些志愿者专注不同的领域，有不同的特长，但是都秉承志愿者精神，发光发热。

假设有这样一位年轻的志愿者，专注于学习领域，一直在帮助更多的青少年扩展认知，习得技能。他为什么要做这件事情呢？支撑这位志愿者的本质解就是达人达己。所谓达人达己，就是通过帮助别人的成长，带来自我的成长。这就是这位志愿者的初心。

接下来运用画布法，展开分析一下，如图 6-11 所示。这位志愿者所面向的服务对象是谁呢？是与他自己一样渴望成长的年轻人。价值主张是什么？分享、反馈和辅导，是这位志愿者做出的最大贡献。渠道是什么？要借助一些学习平台、一些学习爱好者的社群，来构建起自己的渠道通路。志愿者与他所服务的对象之间，构筑的关系是怎样的？教学相长，共同进步。为了做好以上这些事情，志愿者自己必须做好的关键业务，包括要不断地学习、多输出、多分享、积极参与社群志愿活动等。核心资源，这位志愿者最需要的是知识资源，包括在线讨论的空间、案例素材、优秀课程等。志愿者要跟谁合作呢？一般来讲，志愿者要和其他志愿者合作，有时候还需要找到教练、老师作为指导者，有时候也会需要找到赞助者。志愿者的主要付出就是时间。志愿者的主要收获，通常不是金钱上的回报，而是获得了成长。

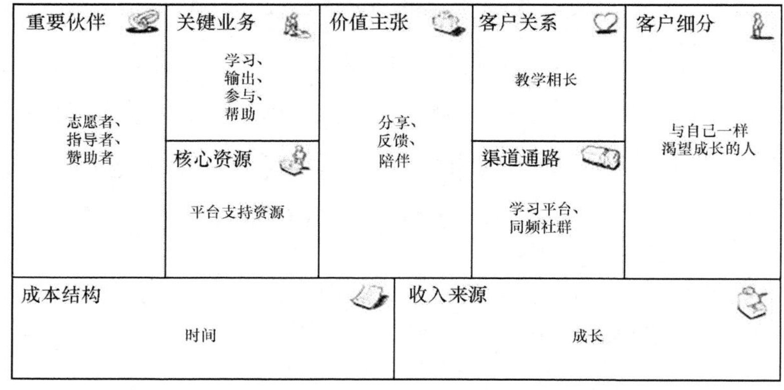

图 6-11　画布法示例：志愿者

通过这个案例可以看到，这位志愿者借助画布法，可以把自己达人达己的初心整体展开，落地实现。

看到这里可能会遇到一个问题，画布法一共有九个模块，毕竟比较复杂，在实际操作中有没有一个次序呢？

事实上，画布法在操作中是有隐含逻辑次序的。

画布法使用的前置条件是运用 U 型思考，找到本质解，这是画布法开始运转的前提。

首先，画布法一定要从你服务的对象、你的目标客户群出发，而不是从“我”的角度出发，看客户对你的需要是什么。基于这一点，我能够交付给客户的价

值是什么，这就叫作价值主张。那价值主张怎么传递出去呢？怎么传播出去呢？这就要通过渠道通路。然后要考虑的是，我致力于跟客户构筑一个长期的关系，怎么构建呢？这就是客户关系。以上的模式如果要顺畅运转的话，我必须要做好哪些主要的经营活动呢？这就是关键业务。接下来，我必须得掌握哪些资源呢？这就是核心资源。我必须要跟谁合作呢？对应的模块是重要伙伴。那最后我要投入什么？产出什么？这就是成本结构和收入来源。

整体梳理一下画布法的操作次序。

第零步（前置条件）：确定本质解法；

第一步，明确目标客群；

第二步，设定价值主张；

第三步，规划渠道通路；

第四步，构建客户关系；

第五步，部署关键业务；

第六步，整合所需资源；

第七步，识别重要伙伴；

第八步，分析成本结构；

第九步，设计获利源泉。

画布法是一个非常清晰的方法，如果你有一个非常笃定的本质解，那么接下来一步步按图索骥地去完成画布就好了。

最后，我们再整体把握一下画布法，找一下画布法九个模块的内在机理，可以看到画布法由三个模块构成。

画布法前端的几个模块，包括客户细分、价值主张、客户关系和渠道通路，是一个人或一个组织，把自己的价值传递给客户、传递给外部世界的过程，我们把这个系统叫作价值传递系统，如图 6–12 所示。

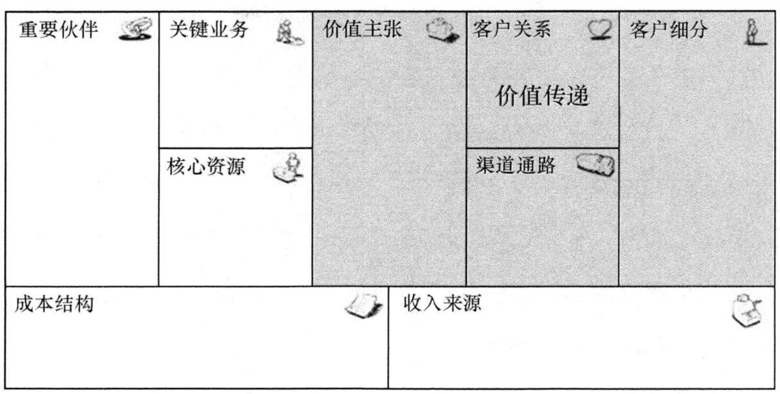

图 6-12　画布法之价值传递系统

画布法后端的几个模块，包括价值主张、关键业务、核心资源和重要伙伴，其起到的作用是，把一个人或一个组织的价值创造出来，这就是画布法的价值创造系统，如图 6-13 所示。

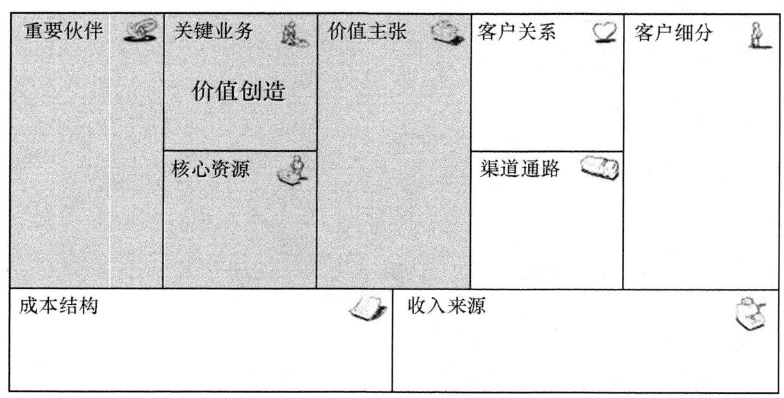

图 6-13　画布法之价值创造系统

画布法的基座，包括成本结构和收入来源，其作用是确保商业模式的可持续，实现合理的投入产出，确保正向循环和稳健发展，这就是画布法的价值循环系统，如图 6-14 所示。

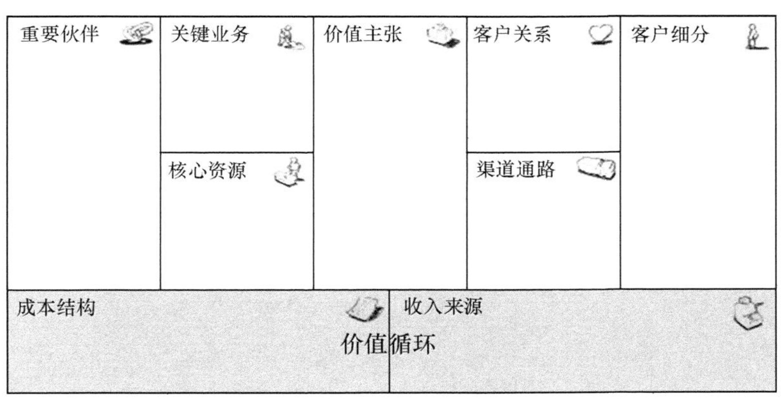

图 6–14　画布法之价值循环系统

用一句话总结，画布法的本质是什么？画布法的本质，是为了把本质解落地实现，进行整体任务部署的思考系统。

在 U 型思考中【立】这个部分，我们一共介绍了三种方法，分别是飞轮法、价值网法和画布法，整体总结一下，如表 6–4 所示。

表 6–4　制定解决方案的三种方法对比

	飞轮法	价值网法	画布法
方法特点	想清楚	配资源	做部署
优势	构建可行逻辑	资源扫描与补缺	系统化思考
劣势	完整性不够	仅着眼于资源	细节完备但可能主线不清
适用场景	整体构思	资源配置	实施部署

飞轮法的特点是想清楚。它的优点在于，帮助你构建了一整套的做事可行逻辑，但它的劣势在于，它比较简单，完整性相对不够。飞轮法适用的场景是什么？在你明确本质解之后，刚开始做整体构思的时候，特别适合采用飞轮法。

价值网法的特点是配资源。它的优势是资源的扫描和补缺。它的劣势是，仅着眼于资源，而没有考虑其他。价值网法适用的场景是在进行资源配置的时候。

画布法的特点是做部署。它的优势是非常系统，画布的九个模块基本上把各个方面都考虑齐全了。但它也有个劣势，就是它很可能让你钻到了细节里面而忘掉了主线。画布法适用的场景是整体展开、实施部署的时候。

当 U 型思考进入“制定解决方案”这个环节的时候，可以综合运用这三个方法，想清楚、配资源、做部署，先用飞轮法把思路想明白，再用价值网法配置资源，最后用画布法做具体的部署。

善谋全局者胜。

第 5 节　案例：小罐茶的探索

小罐茶是近几年茶叶行业崛起的新品牌。小罐茶的业务范围涵盖绿茶、红茶、青茶、黑茶、白茶和再加工茶，其中包含一些我们耳熟能详的茶品，如普洱茶、武夷大红袍、西湖龙井、铁观音、黄山毛峰、茉莉花茶、福鼎白茶、滇红、高山乌龙、冻顶乌龙等。

小罐茶从 2016 年开始进入市场，到 2018 年的时候，其年销售额已经达到 20 亿元左右，居于行业领先地位。小罐茶作为茶叶行业的后起之秀，如何在短时间内快速崛起？背后的底层逻辑到底是什么？

茶叶行业是一个不容易做的行业，小罐茶创始人杜国楹为什么选择进入这个行业？杜国楹对于茶叶行业的本质是如何理解的？小罐茶的整个创业逻辑是如何设计的？小罐茶除了营销推广，到底有没有一些“真东西”？

我们的案例也由此开始，运用 U 型思考作为案例分析的逻辑主线。为秉承客观真实之原则，我们在本案例的研究中，除了参考杜国楹先生、小罐茶公司发布的观点，也对茶叶行业的专业人士进行了访谈，以及我们对于茶叶行业的积累与研究，几方相互参照对比，以发掘小罐茶商业本质作为案例研究主旨。

小罐茶的创始人杜国楹，1973 年出生于河南省周口市西华县的一个普通农民家庭，1992 年从师范学校毕业担任教师，两年后辞去教师工作开始创业，创立了

多款知名产品品牌：1998 年的背背佳、2003 年的好记星、2009 年的“一人一本”、2015 年的 8848 钛金手机。

当杜国楹决定进入茶行业的时候，这个行业对他来讲是完全陌生的。杜国楹回忆说：“2012 年 6 月我们出发了，整个团队经历了 4 年时间进行前期调研，但我们没有生产一片叶子，我们没有任何声响地进行调研。我了解过茶行业所有的核心领域，其中包括每一种茶的前十大规模企业，每一种茶叶的基地，省级、市级非遗传承人，每一个核心产区茶叶局的局长、分管的农业司长、产业协会，以及所有的茶学院教授，我们几乎全都拜访过，目标就是探寻中国茶叶的真相。”

在【问】的环节，我们提出了这样一个问题，这也是杜国楹在创业初期提出的问题，那就是，制约中国茶叶行业发展的障碍是什么？这个问题是一个直指核心的问题，直接指向了制约行业发展的深层症结，如图 6–15 所示。

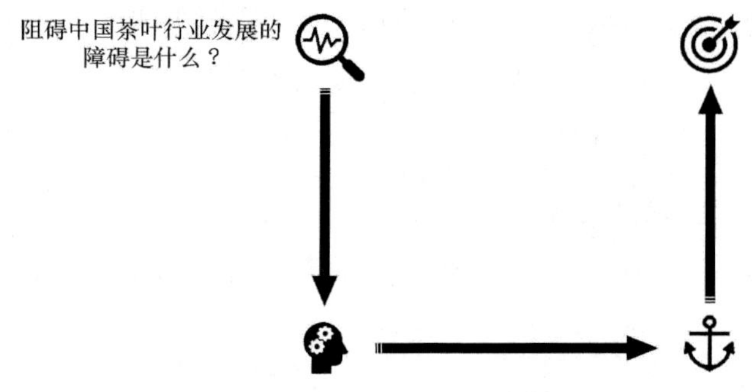

图 6–15　U 型思考：定义核心问题

接下来，我们运用框架法，搭建一个对于茶叶行业展开分析的框架，深度剖析这个问题。框架法是对于问题建立一个整体分析框架，进行系统性的拆解分析，最后聚焦重点、挖掘本质的思维方法。图 6–16 就是关于行业分析的一个框架，由六类要素构成，分别是行业的规模、增速、集中度、消费结构、流通结构和供给结构。

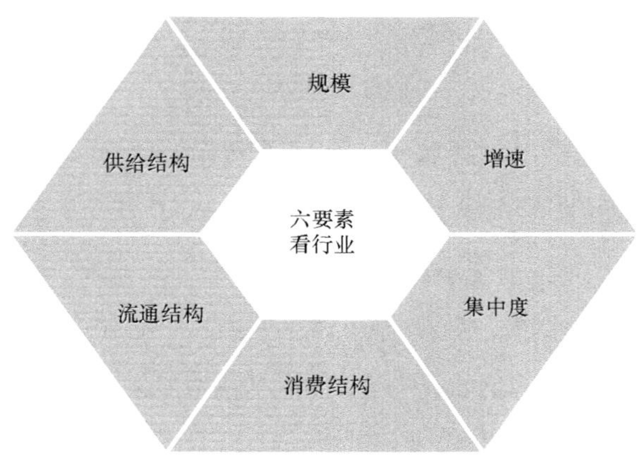

图 6-16　框架法：六要素看行业

第一，中国茶叶行业的规模到底有多大？

作为一个进入者，要研究一下这个行业到底值不值得做，首要就是看这个行业规模。2019 年，中国茶叶行业总规模约 2840 亿元，中国茶叶行业年生产规模约 279 万吨。其中，中国茶叶国内销售量约 203 万吨，国内销售规模约 2740 亿元，中国茶叶出口销售量约 37 万吨，出口销售规模约 20 亿美元。茶叶行业是一个具有相当规模的行业。

第二，中国茶叶行业近年的增速怎样？

增速表明了一个行业的潜力。从 2014 年的 1500 亿元，2015 年的 1869 亿元，2016 年的 2148 亿元，2017 年的 2353 亿元，2018 年的 2400 亿元，到 2019 年的 2840 亿元，中国茶叶行业保持了平均 10% 以上的增速。行业每年都有几百亿元的增量空间，适合新的创业者进入。

第三，茶叶行业的集中度是怎样的？

什么叫集中度？简单来说，就是这个行业是不是由几个巨头把持。我们可以发现，中国茶叶市场极度分散，缺少知名品牌。中国有 900 多个产茶县，长江以南地区几乎处处产茶，有 7 万多家茶企，8000 万茶叶相关的从业人口。但是，行业十强加起来不到行业总规模的 5%，行业百强加起来仅占 12%，90% 以上的茶企年销售额不足 500 万元。通俗地讲，绝大多数茶叶企业其实都是小作坊。7 万多家茶叶厂，拥有注册商标的仅有 1000 家左右，品牌茶叶占比不足四成，知名品牌几乎没有。

再看看与茶叶相邻的几个赛道。中国人经常说烟酒茶，那我们就看看香烟和白酒市场。中国烟草市场规模为 1.3 万亿元左右，其中中华烟的规模大概是 1200 亿元，占比将近 10%。中国白酒市场规模为 8100 亿元，茅台占了将近 10% 的市场份额。烟酒行业都有 10% 左右份额的领头羊。我们也看一下乳制品行业，中国乳制品行业的总规模大概是 3700 亿元，伊利和蒙牛加起来大概占了 40%。所以跟这几个行业对比，茶叶行业是高度分散的。

我们再进一步从品牌的角度来感受一下。中国名烟有中华、红塔山、云烟、骄子、芙蓉王、红河等，中国名酒有茅台、五粮液、汾酒、剑南春、古井贡等，但是当我们说到茶的时候，只能说出龙井、普洱、黄山毛峰、大红袍、茉莉花茶等，这些都是茶叶品类，而不是茶叶品牌。通过以上对比，就可以看到，中国茶叶有品类无品牌。

第四，茶叶行业的消费结构是怎样的？

所谓消费结构，指的就是从消费市场的角度看。下面我们从地域、客户群、需求、场景、价格等多个维度对茶叶行业进行分析，从而更完整地把握茶叶行业的特点。

从地域角度来看，2019 年，中国茶叶国内销售量达 203 万吨，占总销售量的 85%。从销售数据看，内销市场依然是拉动中国茶业的主动力。

从全球范围来看一下中国茶产业的特点。中国是全球最大的产茶国和茶叶的消费市场，全世界每年的茶产量约 600 万吨，超过四成产自中国。尽管中国茶文化历史悠久，但是，今天在全球茶叶贸易市场占据主流的还是英式红茶和日本抹茶，全球茶叶出口规模最大的是肯尼亚。2018 年，中国近 7 万家茶叶企业，总出口规模只有 16 亿美元，还不及立顿全球销售额的一半。所以茶叶行业一直有一句话，叫作“七万茶企不如一家立顿”，说的就是我们在全球市场的竞争力偏弱。

中国人，乃至全世界人民都公认中国的茶叶是最好的。但是中国茶叶的品质价值，并没有在全球市场充分释放。2018 年中国茶叶出口总金额是 16 亿美元，出口茶产量

36.6 万吨，仅占总销量的 15%。此外，2018 年中国茶叶的出口均价为每千克 4.9 美元。这说明虽然中国茶很好，但是中国茶在卖向全球的时候，没有卖出好的价格。所以我国茶叶外销的基本事实是，茶被当作和食用油差不多的农产品，毫无附加值地在销售。

接下来我们再分析一下，茶叶用户的消费痛点有什么？我搜集了一些消费者的反馈，“9.9 元包邮的和 999 元不包邮的，都说自己好”“如果说这批好茶在核心产区总共就 × 吨的产量，我能买到吗？”“大品牌、小品牌农户都在卖，都说自己是核心区的头采，都说自己是古树”“所谓茶无好坏、喜好在人心，我认为是不对的，好茶就是好茶。好茶就应该有明确的标准”……这些话反映了很多消费者的心声，中国茶叶缺少清晰的购买标准，仍然停留在“凭感觉”购买的阶段。

从用户的品饮场景角度看，中国茶叶传统的一面极其传统，尤其在茶楼中，中国人现在的饮茶方式和几百年前的中国人没有大的区别。这当然有文化传承好的一面，但也要反思一下，难道中国人喝茶一直就是这个样子吗？换句话说，传统茶还适合现在的用户吗？传统茶就没有新的消费场景了吗？事实上，这几年面向年轻市场已经开始出现了更加新锐的品类创新，比如说在奶茶领域出现了喜茶、奈雪的茶，在方便茶领域有立顿红茶、康师傅红茶。但是在原叶茶领域，创新非常少。

值得借鉴的是，所有的这些茶饮新品类都有特点，那就是“跳出茶来做茶”。比如喜茶、奈雪的茶，它们斩断了年轻人对于传统茶的惯性认知，重新定义了茶饮。杜国楹本人做过调研，他问年轻人，你为什么不喝茶而喝奶茶呢？年轻人回答说，因为我不能一边走一边喝茶，这就是现代年轻人消费的一个新场景。此外，新茶饮激活了茶在年轻人群中的社交属性，同时真材实料，让口感更具有“杀伤力”。这就是新茶饮相对于原叶茶的特点，跳出传统茶来做茶。

第五，茶叶行业的流通结构是怎样的？

大致可以总结如下：批发市场功能弱化，亟待转型；连锁渠道店面定位、体验、效能均需有所改变，适应新型消费者的需要；商超卖场茶叶售卖能力有待提升；传统茶馆发展定位不清、路径不明，有待破茧重生；线上销售份额继续扩大，但在消费者感知及售卖标准化方面仍存在障碍；新型茶饮通路规模快速扩展。

第六，茶叶行业的供给结构是怎样的？

茶叶行业不同品类之间差异巨大，难以标准化，或者说，只能适度的标准化。一是不同产地的价值不同。西湖龙井还是一般龙井，价格差了好几倍。二是不同品类的采摘标准不同。不管是毛尖还是金骏眉，一斤茶大概 65 000 个芽头，都是采茶工一个一个采下来的，亩产最多 9 斤，而铁观音亩产可以达到 50 ~ 100 斤，是一芽三叶，一芽两叶。三是不同品类的制作工艺复杂度不同。白茶工艺非常简单，绿茶工艺也比较简单，而大红袍要 5 月份开始做，9 月份才上市，对专业要求非常高。

此外，从中国茶叶供给侧的角度看，集约化和工业化的水平是很低的。生产环节，我国茶叶平均亩产 55.8 千克，仅为印度的 40%；加工环节，我国有茶叶加工企业约 6.6 万家，平均年加工量 34 吨，精深加工的茶叶比例仅占 6%，50% 以上的出口茶产品都是原料型初级产品，出口价格偏低；销售和品牌建设，90% 以上的茶企年销售额不足 500 万元，全国百强茶企销售额仅占全国茶叶销售总额的 12%。

以上我们运用六要素框架，对茶叶行业进行了完整的分析。可以发现，制约中国茶叶行业发展的障碍，在于以下几个核心症结，如图 6-17 所示。

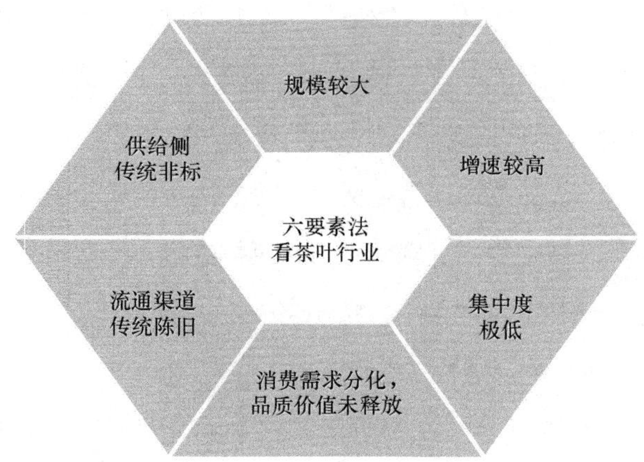

图 6-17　框架法：茶叶行业总体特点

第一，非标。从采摘到生产制造，从销售到饮用，全过程非标准化。而标准

化是工业化的前提，非标意味着这个行业没法进入工业化的大生产。

第二，非工业化。缺少工业化时代的集约、规模和效率。

第三，缺少现代营销。缺少现代意义上的品牌传播、消费文化和渠道模式。

第四，缺少创新思维。从业者的思维比较传统，多年按照一成不变的方式在经营这个行业。

我们用一句话总结，就是中国茶叶行业停留在农业化时代，亟待产业升级。农业时代的思维方式与经营模式，制约了中国茶叶的发展，限制了中国茶叶的品质价值在全球市场的充分释放，如图 6-18 所示。

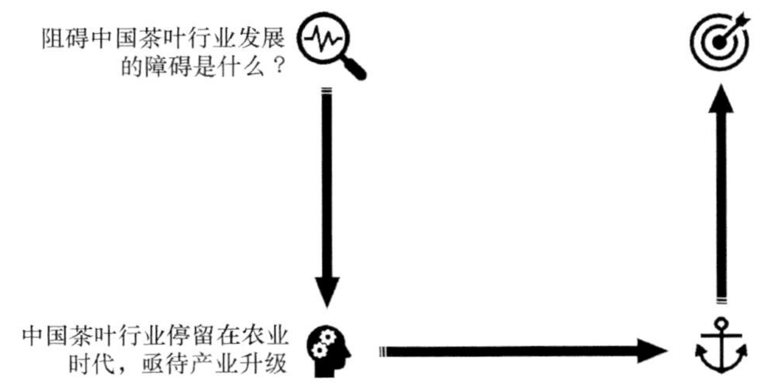

图 6-18　U 型思考：洞见问题本质

找到了制约行业发展的本质症结，接下来就要找到本质解。在本案例中，我们运用破界法来寻找本质解。所谓破界法，就是当一个问题已经找到了根本性症结，那么接下来就朝相反方向思考，做出相反的选择就好了。前面我们已经找到了制约中国茶叶行业的核心症结，那么接下来就是打破、颠覆、改变这些症结，从而以新思路重构老行业，这就是 U 型思考的本质解。刚才的症结是，中国茶叶行业停留在农业化时代，亟待产业升级，那么相反方向就是，用工业化模式推动茶叶行业整体升级。

这个话题稍微扩展一下，工业化和标准化不够的症结，不仅仅制约了茶行业，还制约了其它很多行业，可以分为三类。

以传统专业经验为核心的行业：中医、玉石、红木、中餐……

以个体能力、经验、创意为核心的行业：影视、教育、设计、咨询……

以面对面服务或现场交付为特点的行业：家装、医疗、工程、零售……

总体来看，越是对人依赖重的行业，上规模的难度越大。根本性的难点在于，这些行业本质上都是经验思维，凭经验吃饭。例如，茶包、咖啡、果汁、钻石和西医，都完成了行业的社会化和标准化。而传统的中医、玉石、红木、中国茶，始终停留在手艺人代代相传的阶段，过于依赖人的经验。工业化和标准化，就是通过将人的经验流程化，减少人为因素的影响。

所以，越是对人依赖重的行业，上规模难度越大。这句话反过来就是，如果想上规模，就要去掉对于人的过度依赖。工业化的升级改造的核心，就是从经验思维向科学思维的转换。

那么在茶行业历史上，有没有曾经工业化的成功案例呢？我们能不能参照一下呢？有，立顿就把红茶卖遍了全球。1890 年，汤姆斯·立顿（Lipton, Thomas J）决定生产一种供大众享用的平价的优质茶，他收购了斯里兰卡茶树的种植园，建立了茶叶的包装公司，进行了茶叶的标准化的包装运输，把茶叶作为一种标准商品进行大规模生产。立顿在全球第一个把茶分为 1/4 磅、1/2 磅、1 磅等不同重量进行包装售卖，超越了原产地和品种的局限，实现了产品的标准化和工业化大生产。就像普通的快消品一样，立顿可以在任何渠道销售，对产品品质没有影响。

1972 年，立顿被联合利华并购。立顿开始借助联合利华的全球性渠道和资金实力，建立自己世界茶品专家的品牌形象。今天，立顿的茶叶产品行销在全球 110 个国家和地区，是全球第一大茶叶品牌，还是全球消费者选用最多的第三大非酒精饮料，仅次于可口可乐和百事可乐。这个案例充分证明，茶叶是可以走向标准化和工业化的。

总结一下，推动一个产业升级的关键是什么？

第一，把过去的经验量化，把不可量化的东西量化，是成为行业标杆的第一步。

第二，做一条鲶鱼搅动整个行业，用颠覆性的模式引领整个行业的迭代升级。

第三，做这件事情的人，要有深耕一个领域的耐心和决心，又能够用新模式

和新技术来改造老行业。

总结以上的分析，此处我们运用 U 型思考的破界法，从已经挖到的行业本质症结出发，向相反方向寻找本质解。前面已经分析了制约茶叶行业的症结在于，茶叶行业还停留在农业时代，亟待产业升级。那么相反方向是什么？就是面向工业化的整体升级。所以杜国楹做的小罐茶的本质解，就是茶叶产业链的工业化升级，这是他做小罐茶的核心战略构思，如图 6–19 所示。

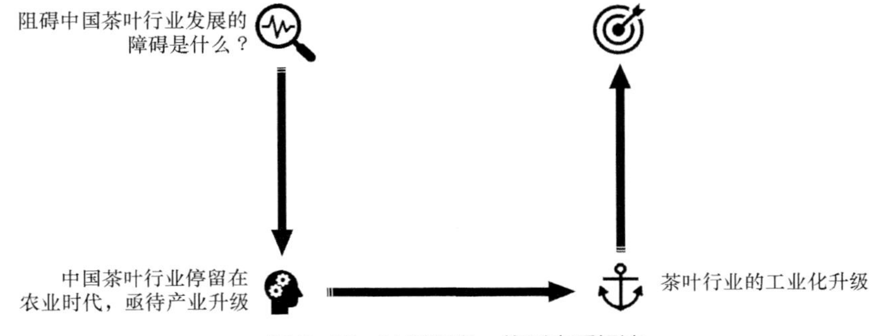

图 6–19 U 型思考：找到本质解法

有了本质解之后，如何进一步落地实现呢？我们在本案例中采用画布法。回顾一下，画布法是从本质解出发，通过模块化、结构化的分解，做出一整套完整的商业部署，如图 6–20 所示。

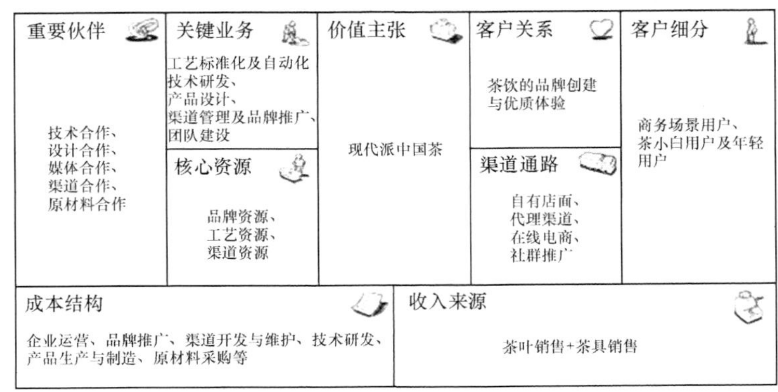

图 6–20 画布法：小罐茶整体商业模式

小罐茶的目标用户是谁呢？第一，面向商务场景用户，尤其是送礼需求用户；第二，茶小白及年轻用户，也就是对喝茶没有太多习惯的轻需求用户。杜国楹的逻辑是，要想中国茶最终走向世界，“90后”“00后”一定是喝简单的、好喝的茶，而不是功夫茶。

小罐茶的价值主张的核心，是希望把中国茶的品质价值发挥到极致，同时用现代手法重做中国茶，表达为现代派中国茶。

小罐茶的渠道通路，包括自有店面、代理渠道、在线电商及社群推广等。

小罐茶与用户之间构建的客户关系，就是小罐茶为核心的品牌系列，以及从茶叶、茶具、店面全方位的优质客户体验。

小罐茶的关键业务，包括工艺标准化与自动化。此外，小罐茶投入了很多资源进行产品研发与设计，这里的产品既包括茶饮，也包括茶具、罐装等。同时，小罐茶的生意离不开强有力的渠道管理和品牌推广。此外，一定要加强团队建设与人员培养，小罐茶早晚会进行品牌的裂变和组织的裂变，培养人才与提升组织能力，是一项需要长期坚持的事情。

小罐茶的核心资源离不开小罐茶这个品牌的资源，以及积累得越来越多的工艺资源和扎实的渠道资源，这些资源都是小罐茶生意的基础资源。

小罐茶的合作伙伴是帮助小罐茶进行产业链整体升级的关键。小罐茶离不开技术的合作、设计机构的合作、媒体的合作、渠道的合作以及上游原材料的合作。

小罐茶的投入成本结构包括企业的运营成本、品牌推广成本、渠道开发与维护的成本、技术研发成本、产品生产和制造成本、原材料采购成本等。

小罐茶的收入来源是什么呢？主要是靠茶叶的销售，再加上一部分的茶具销售。

总结一下，借助画布法，我们把U型思考中的本质解“工业化升级”，细化为一整套的商业部署，这有助于整个组织达成共识，提升执行力。其中有几个关键动作。

工艺标准：茶叶工业化首先要实现经验的标准化。制茶工艺是民间上千年传承的经验，宝贵但难以复制，且容易遗失。工业 4.0 的出现使得机器接近甚至超过人类的部分行为能力，也使得传承变成了可能。只有把整体的经验分解，用标准化的流程和步骤去量化这些宝贵的经验，将随时可能失传的手艺解救下来，并最大化地利用，才能提高整体的原材料和制成品水准。总之，把茶叶大师们的手艺和经验变成工业标准，是实现社会化大生产的必由之路。

小罐茶与多位制茶大师合作，如普洱生茶、武夷大红袍、西湖龙井、铁观音、茉莉花茶、黄山毛峰等品类技艺的传承人，力争把制茶大师的手艺，变成工业化的流程和标准。具体操作上，在原料端，由大师设定原料标准；在制茶环节，由大师提出参数、指导生产；产品加工完成后，大师还要对茶叶的品质审评，只有达到品质要求的茶才可以出厂。目前，小罐茶的大师 + 现代设备模式，初步完成了茶的工业化，但这还不是真正意义上的工业化。下一步，小罐茶还需要研发如何将人工技艺数字化和智能化，真正完成中国名优茶的工业化变革。

生产制造：在研发体系方面，小罐茶在各个上游基地，已经开始按照生态化种植的要求，建立示范茶园。在各个核心产区，建立上游工业化的初制工厂，在黄山按工业 4.0 建立“中央工厂”，并成立了“茶叶工业装备中心”和“茶叶研发中心”两个研发中心。小罐茶还与国内外科研机构合作，希望研发智能采茶机器人、智能挑茶机器人，从而精准识别各等级茶叶并精准采摘，以及精确完成各种茶叶内杂质的挑选。

在小罐茶黄山工厂的铝罐在线充氮封装设备上，从罐装到充氮封膜，到再次称重、视觉检查以剔除不符合国标的产品，直到塑封，整个过程全部由智能化、全自动机械手臂完成，彻底隔绝了空气、阳光、水分、外力和手触对茶叶的品质影响。小罐茶在滇红之乡凤庆自主研发了一条生产线，不仅在炒茶环节，而且在挑茶、洗茶、粗制、精制等环节，均使用了工业化机器模拟大师工艺，现在整个闭环已经打造完成。

产品设计：杜国楹认为，“小罐仅仅是一个形式，是一个表象，其背后是标准化的思考。为什么我们要做一个罐呢？因为我们要把饮茶的认知标准建立起来”。

他认为茶叶面对的是众多不懂行业的消费者，不要给消费者太多的选择，要减去更多的选择，以品牌厂商自己的专业性，为消费者做出选择。所以，要把重量、价格、包装进行统一，做一个标准来简化认知。杜国楹希望最终市场上所形成的就是统一的小罐、统一的重量、统一的品级、统一的价格。这是他心目中好的标准品。

小罐茶的铝罐，由日本设计师神原秀夫设计，一个小罐的设计费就超过了500万元。小罐茶的小罐上面有一层膜，撕开这个膜最佳的力度是多少呢？他们有一个小伙子叫冯洪涛，小罐茶内部戏称他为撕膜官，他做了大量的测试，最后测定撕膜最佳力度是18牛顿。小罐茶实体店铺的设计，请来的是苹果公司的实体店设计师。此外，小罐茶有自己的设计团队，还有几家常年合作的设计机构，在设计方面不断地优化用户体验。

至此，我们完成了整个U型思考过程。回顾一下，我们最初定义了一个核心问题，阻碍中国茶叶行业发展的障碍是什么？我们运用框架法，从六个要素维度对茶叶行业进行分析，最后得出一个结论：中国茶叶行业还停留在农业时代，亟待产业升级。这个根本症结挖掘到了，接下来如何找本质解？运用破界法，向相反方向思考，那就是对茶叶行业进行工业化升级。在这个本质解基础上，再运用画布法对本质解进行系统化的商业部署，最后明确工艺标准、生产制造、产品设计等若干重要环节，如图6-21所示。

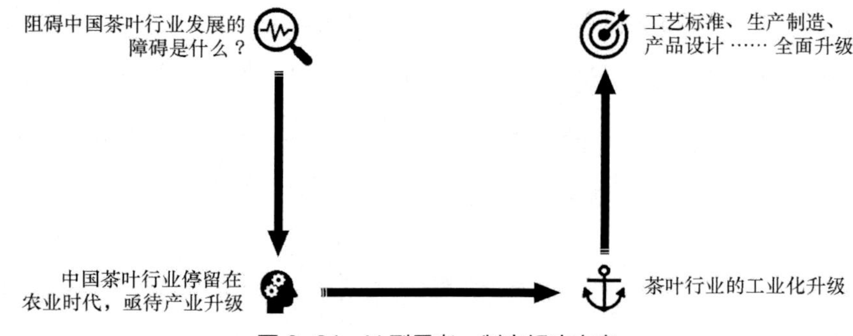

图6-21　U型思考：制定解决方案

小罐茶的整个创业逻辑是典型的 U 型思考过程，杜国楹也是一个典型的本质思考者。做事离不开人，尤其是离不开关键的决策者。为什么杜国楹以这样的一种思考逻辑做事？这也是一个有趣的话题。

杜国楹有三个显著的特点。

第一，杜国楹成功过，对于成功的期望值更高，也更有耐心。

杜国楹对待自己的这一轮创业，有更高的期待，“中国有什么，可以成为中国的 LV？我觉得，从历史来看，中国的陶瓷、中国的丝绸、中国的茶叶都可以。而在这些传统的优质认知品项里，我觉得茶的空间是最大的”，“小罐茶的使命是做中国好茶，做好中国茶。如果用地域量化，这不仅仅是一个中国市场，这是一个全球市场，中国茶叶重新征服西方市场的机会已经到来了”。

因为有了更高的期待，杜国楹会更加耐心，他说，“如果再让我创造一个品牌，然后卖掉，我真的已经没有兴趣了，我对以前的创业模式感到厌倦，决心寻找一个用后半生去做的事业，主观上，我已经做了这样的准备；客观上我要做一项重资产的事，倒逼自己，把自己所有的后路堵死”。对于传承千年的茶叶行业进行创新、改造、颠覆是非常艰难的，需要强大的心力与长久的坚持。

第二，杜国楹经历过惨痛的失败，这带来了他商业哲学的再造。

杜国楹说：“1995 年，我做了背背佳。一年半后实现了 5 亿元的销售，账上有 1 亿多元。那时我才 25 岁，一时间膨胀得极度厉害，觉得自己就是天下第一，营销可以颠覆一切。但后来两年的时间，所有的钱都亏完了，还负债 4600 万元。还债的过程很痛苦，头上斑秃好几块，成把成把地掉头发。这个极快成功、极快跌倒的闭环，让我成为在商业世界死过一遍的人。最终，我从营销主义者彻头彻尾地变成一个产品主义者。”

杜国楹认为，“所有的颠覆都只是形式，哪怕有 1 万种、10 万种变化，但是底层逻辑变不了”。也许，正是失败把杜国楹变成了一个本质思考者。

第三，杜国楹被认为是实战派，但是他非常笃信理论的力量。

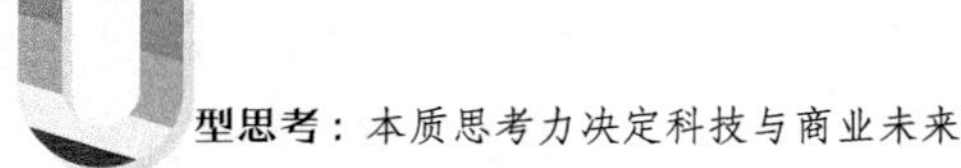

杜国楹说："20 年来，我最大的学习经历就是通读营销学、管理学、设计学、产品学理论，做本土化实践。所有的学习，最高效的办法就是：一、看经典；二、实干。"

本案例的分析已到尾声，小罐茶的探索之旅充满艰险，但无论成功还是失败，杜国楹及整个小罐茶团队做出的思考和探索，仍然是弥足珍贵的。小罐茶也需要通过更加扎实的努力和更加沉甸甸的收获，来证明自己选择的道路是正确的。我们希望透过本节，帮助读者更深度地理解 U 型思考，理解本质思考方式，理解本质思考者如何做决策。

后记：以 U 型思考赋能每一人每一组织

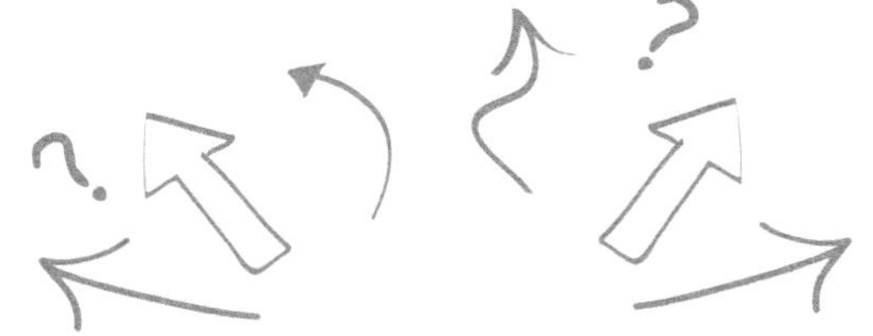

U 型思考理论自诞生以来，已经有许多人、许多企业开始学习运用，并在实践中取得了良好的成效。U 型思考理论一方面有效指导了实践，另一方面也受到实践的滋养，理论本身也在不断发展。

在这里，我选取了一些 U 型思考实践者的作品，看看他们是如何运用 U 型思考的。希望这些实践者的宝贵探索，既是本书的收尾，也是 U 型思考更多实践运用的开篇。

李晖是重庆新山书屋的创始人。书店行业多年来受到电子商务的冲击，收入下滑，利润微薄。同时，读者获取知识的需求，也越来越多地转移到互联网上，以在线阅读、在线音视频等方式得以满足，这对于传统图书而言是更加根本性的冲击。与此同时，李晖发现，他的书店的客流并不少，但是客流并没有转化为图书的购买力。李晖就开始思考，为什么书店明明有客流，但却无法获利？他沿着这个问题，开启了U型思考，如图1所示。

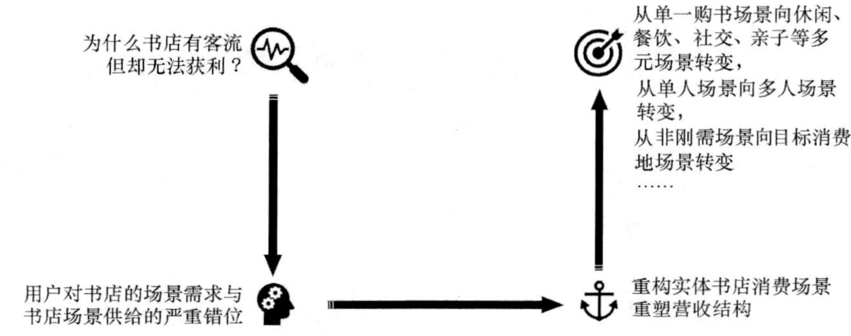

图1　U型思考实战案例：新山书屋的转型之旅

借助U型思考，李晖发现，大量的读者进入书店，其需求已不不仅仅是购书，而是在书店中阅读、交流、亲子互动，同时还有餐饮、团建、活动等多重潜在需求。读者进入书店，其需求的本质已经是“场景”，而非“图书”。或者说，图书只是读者进入书店消费场景的一个缘由，而并非全部。来书店的读者已不仅仅是读者身份，而是书店的用户。当前书店单一的场景供给，无法满足用户多元的消费需求，这是造成客流多而获利少的根本原因。基于此，李晖认为书店转型的本质解在于，要全面重构书店的消费场景，重塑营收结构。围绕这个本质解，李晖带领书店相继完善了休闲、餐饮、社交、亲子、团建、活动等更加丰富的场景，甚至逐渐把新山书屋开发成了用户的目标消费场所。越来越多的用户涌入，也获得了商场更低租金的支持，以及更多资源合作方抛出的合作橄榄枝。其营收结构也在逐渐调整，现在图书收入占比已经不到50%，餐饮等其他消费占比超过50%。沿着这样的商业模式，新山书屋又顺利进入成都市场，成为西南地区越来越有影响力的一家连锁书店。

陈培娜是福建一家工艺礼品制造企业的负责人。她的企业主要向欧洲出口旅游休闲纪念品，通过欧洲当地的经销商、零售商，把商品卖给游客。新冠肺炎疫情给欧洲旅游带来了巨大影响，游客大幅减少，当地商家的生意一落千丈，陈培娜自己的企业也受到了很大影响。陈培娜对此进行了认真的思考，她认为，旅游休闲纪念品只是一次性冲动消费，必须不断靠新游客购买，而游客数量是个变数，极易受到疫情等风险的影响。于是，她从这个角度出发，开启了 U 型思考，如图 2 所示。

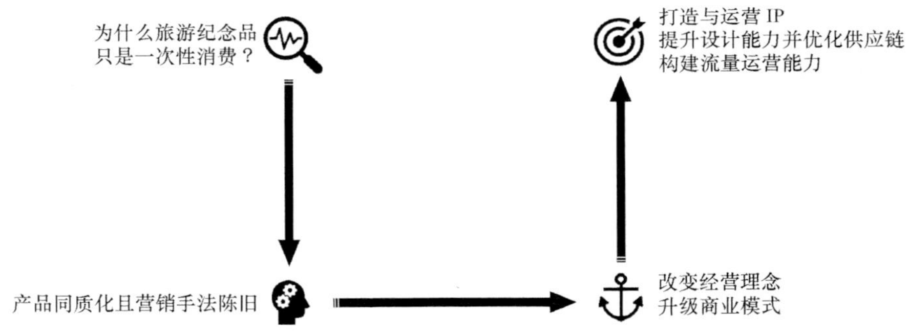

图 2　U 型思考实战案例：旅游纪念品出口企业的创新

陈培娜思考之后发现，不仅仅是她的企业，整个旅游纪念品行业的商业模式都非常陈旧，多年不变。旅游纪念品企业的产品高度同质化，门槛很低，利润微薄，且由于缺少品牌，无法产生用户黏性和复购，主要依赖于规模上量和海外出口。基于这个认知，陈培娜认为，自己的企业不能一直走这样的老路，要改变经营理念，升级商业模式，把一个传统的低端制造型企业，变为一家具有自己品牌 IP 的文化产品企业，让自己的企业真正具有核心竞争力。围绕这一点，陈培娜明确了三项主要策略，包括打造与运营自己的品牌 IP；提升设计能力并带动供应链升级；构建自己的流量运营能力，也就是自己直接接触用户、掌握用户的能力。当陈培娜运用U型思考，重新设计了企业战略之后，她觉得，这件事情值得自己干一辈子。这个案例带给我们的启示是，何止是旅游纪念品企业，中国数量众多的低端出口制造型企业，难道不应该都思考一下自己的未来之路吗？

品胜科技是一家从事打印设备与解决方案的企业，客户是电信、电力、医院等。在过去一年，品胜科技在医院市场取得了快速增长，业务板块负责人冯婧觉得，业务增长很快，一定是做对了什么，自己要好好分析一下原因，把经验转变为规律，这样才能扩大战果。于是，冯婧也开启了她的U型思考，如图3所示。

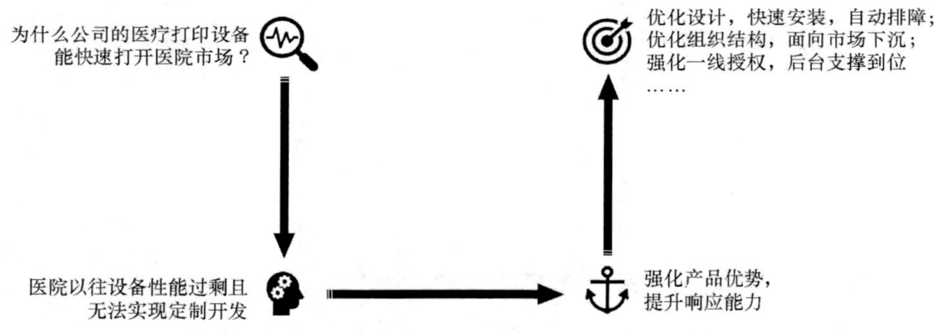

图3　U型思考实战案例：品胜科技的新市场拓展

冯婧经过思考发现，之所以品胜科技能够很快打开医院市场，原因在于，以往医院的打印设备价格高昂、性能过剩，很多功能其实医院都用不上。而品胜科技的设备功能实用、操作简便、易于维护。同时，随着中国医院信息化、数字化水平的提高，医院往往需要设备厂商能配合医院的系统需要，进行一定的定制开发。而面对这样的需求，很多设备厂商反应很不及时。原因在于，很多企业都是通过经销商销售的，从医院反馈到经销商，再反馈回厂商，反应速度过慢。而品胜科技采取的是区域下沉的直销方式，对市场需求反应快，销售与产品配合得好。基于这样的分析，冯婧认为，品胜科技的设备在医院

市场还有很大的空间，应该把前期的优势进一步放大，乘胜追击。于是，她设想的本质解是，放大产品优势和快速响应能力。围绕本质解，她的下一步工作部署是，产品要进一步优化，让医生快速安装、快速打印，遇到故障易于排查和解决。同时，在组织结构上，进一步下沉，获得客户第一手的需求，增大对一线的授权，并鼓励销售与产品部门的紧密配合，以实现对客户需求的快速响应。

包一达是一位优秀的设计师，创办了自己的设计公司，主要从事食品、饮品等消费品的包装设计。他发现，在中国，设计行业总体规模在不断快速增长，但很少有上规模的设计企业。绝大多数的优秀设计人才创业后，往往都在经营一个小型的设计工作室，企业规模上不去。于是，他开启了自己的 U 型思考，如图 4 所示。

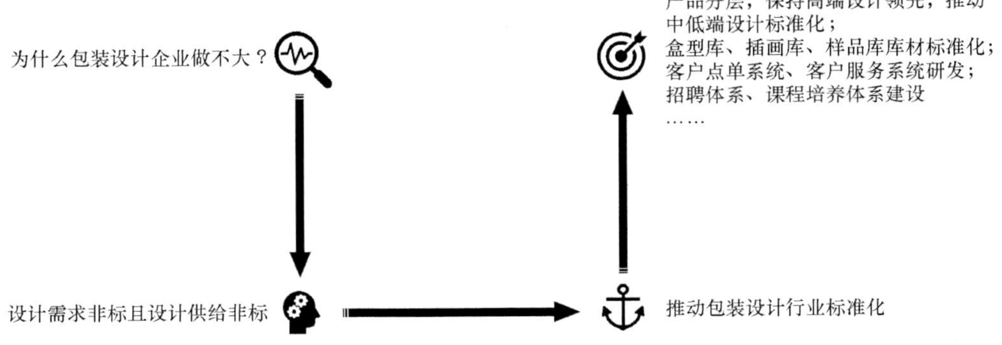

图 4　U 型思考实战案例：包装设计企业的模式重塑

包一达认为，包装设计企业做不大的根本原因在于，整个行业严重非标，不同设计师的设计差异很大，同时客户往往也说不清楚自己需要什么，这带来的是，项目前期沟通烦琐，交付过程中反复修改，整体效率低下。基于此，包一达决定自己要探索包装的标准化。他的具体决策是，把自己的产品线进行划分，一些高端客户的大订单，仍然施行高度定制模式，以保持在高端设计的领先，这部分的业务规模大致占比为 15%。但对于一些需要快速交付的中低端订单，开始推行标准化。其中，在供给侧，对库材进行标准化，提高库材的复用率。在需求侧，推行客户点单系统，客户以点菜单的形式来选择设计方案，提高需求的标准化。同时，加强人才的招聘与培养，帮助设计师快速成长。

在我给清华大学本科生和研究生开设的《精益创新实践》课程中，一支学生创业团队基于他们所掌握的AI技术、设计技术及医疗行业资源，运用U型思考提出了这样一个创业构想，如图5所示。

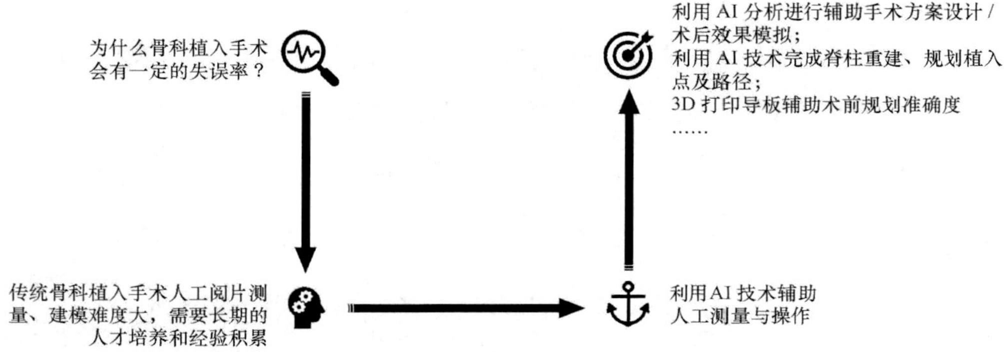

图5　U型思考实战案例：AI辅助骨科手术的创业探索

他们看到的一个场景是，在骨科植入手术中，总是存在一定的失误率。造成这个问题的根本原因在于，传统骨科手术主要依赖人的经验和能力，而骨科植入手术是对精度要求极高的手术，稍有差池，就会带来不可挽回的损失。于是，这支团队提出了一个本质解，运用AI技术，在手术中辅助人工测量与操作。具体来说，一方面运用AI技术分析，辅助手术方案设计及术后效果模拟；另一方面，运用AI技术完成脊柱重建、规划植入点及路径。在提出这样的创业构想之后，同学们又陆续对积水潭医院和中日友好医院的医生、信息科负责人进行了访谈调研，对相关AI技术厂家进行了访谈，进一步充实完善了他们的创业方案。该创业项目组的一位同学，基于此创业方案不断完善优化，获得了2021年第七届中国大学生互联网+大赛金奖。

在我给清华大学经管学院MBA开设的《创新与转型》课程中，有一位同学是某化妆品制造企业的高管，他所在的企业为下游化妆品品牌企业进行代工生产。他运用U型思考，对自己的企业进行了深度剖析，如图6所示。

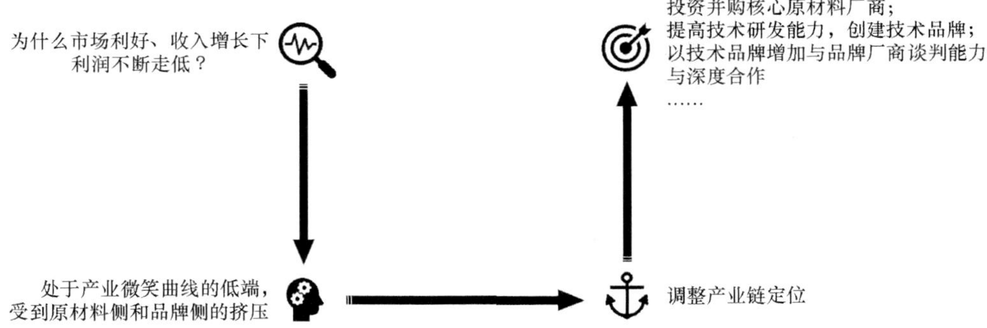

图6　U型思考实战案例：化妆品代工企业的转型之旅

近几年，化妆品行业总体形势向好，新品牌不断涌现，该企业作为化妆品代工制造企业，营收规模不断增长，但是，企业的利润率却在不断走低。深度剖析之后，这位企业负责人发现，其本质原因在于，按照产业微笑曲线理论，自己的企业处于产业链低端位置，一方面面临强势的品牌商压价，另一方面又面临一些核心原材料成本提价。在这种情况下，无论企业营收规模如何增长，这种产业链定位都无法使企业获得良好的利润表现。这位企业负责人思考的本质解是，企业必须调整所处的产业链地位，进行企业的转型升级。具体的决策是，首先，向上游移动，通过投资并购，掌握核心原材料，以控制生产成本；其次，加强研发投入，建立研发实验室，创建自己的技术品牌；再进一步，以自己的技术能力和生产能力，与下游品牌商进行联名推广，绑定与品牌商的长期合作，增加议价能力。

某影视制作公司，在管理层集体学习了U型思考之后，采用U型思考制定下一步发展战略，如图7所示。

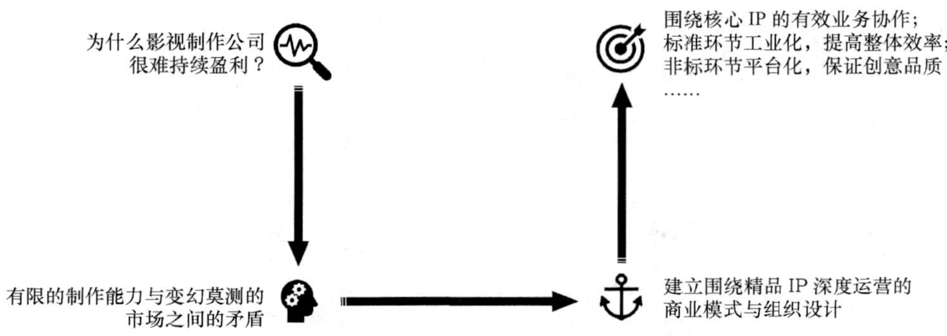

图 7　U 型思考实战案例：影视制作公司的新战略

影视制作行业一直以来的最大难题在于，无法保证每部作品都是爆款，每部作品的市场表现往往天差地别，收入和盈利都极易出现波动。高管团队定义的核心问题是，为什么影视制作公司难以保持盈利？沿着这个问题，团队深度分析之后认为，其本质在于，市场是变幻莫测的，影视观众的收视口味充满了不确定性。而任何一家影视制作企业，都只能靠有限的制作能力去搏击充满不确定性的市场。由此，作品的收益自然是波动的。团队思考后的战略本质解是，锁定一批精品内容 IP，围绕这些相对确定的、有固定拥趸群的 IP，通过电影、电视剧、动漫剧、短视频剧等多种形式，把 IP 经营做深、做透。有了这样的商业模式，还需要有匹配的组织设计来保障模式落地。最核心的策略在于，要以 IP 为核心，打通各个制作部门，实现协力运作，把 IP 价值释放到最大。此外，在整个制作链条中，对于可标准化的环节，如制作、中后期、渠道、传播等环节应尽可能实现标准化。对于创意、剧本等很难标准化的环节，应实现开放模式，尽可能多与国内优秀编剧、导演合作，确保品质。

某国内知名证券企业，其投资银行业务正处于快速发展阶段，希望不断承揽更多业务，扩大市场份额。该券商管理团队认真分析每一个制约业务增长的卡点，发现一线的客户经理在承揽投行业务的过程中，了解客户需求、设计方案、反复

洽谈，整体承揽效率偏低。围绕这个问题，他们运用 U 型思考展开了深度分析，如图 8 所示。

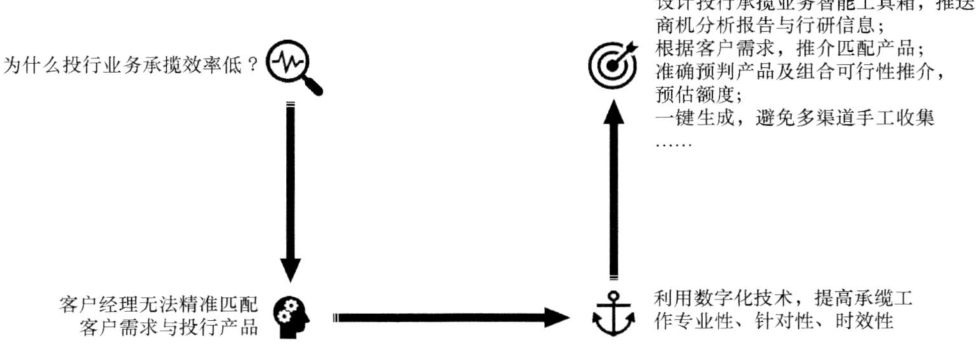

图 8　U 型思考实战案例：投行承揽业务的效能提升

他们发现，对于客户经理来说，造成承揽业务效率低的原因在于，无法针对客户需求准确高效地提供方案，往往需要大量的手工资料整理以及多渠道的信息获取，再提供方案，这特别依赖客户经理的个人能力与职业素质。基于此，他们提出的本质解是，利用数字化技术，为一线客户经理提供足够的支持，帮助其高效开展工作。具体来说，需要为客户经理提供一个数字化的工具箱，能够及时向客户经理推送商机分析与行业研究信息，帮助其捕捉机会。同时，工具箱还可以根据客户需求，快速匹配合适的投行产品或相关组合。工欲善其事，必先利其器，数字化时代的金融业务离不开数字化技术的支持。

某全球领先的电气企业，在召开内部战略复盘会时，管理团队提出，随着公司业务增长，规模不断扩大，组织变得越来越复杂，带来的是战略的落地效果变得更差。很多很重要的战略举措无法有效贯彻，这将给企业下一步的发展创新带来隐患。管理团队运用 U 型思考，对这个问题进行了深度分析，如图 9 所示。

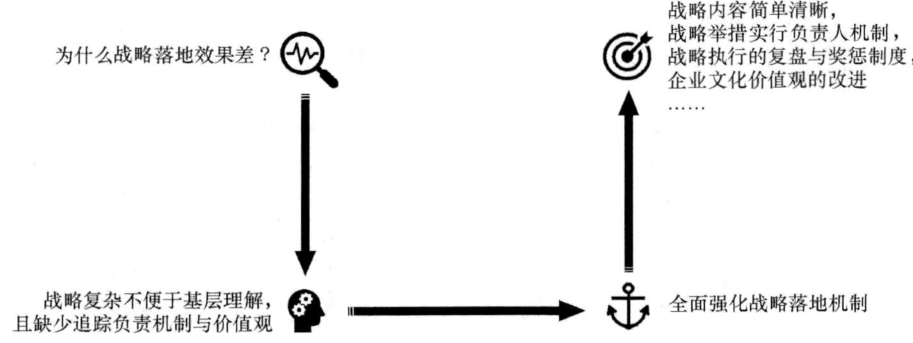

图 9　U 型思考实战案例：大型电气企业的战略贯彻

管理团队定义的问题是，为什么战略落地效果差？经过充分的研讨，得出的判断是，企业的战略是好的，但是战略的表达非常复杂，对于中基层人员来说，很多地方无法深刻理解，也就无法产生足够的执行动力。同时，战略的落地贯彻，缺少追踪负责机制，没有人对关键举措负责到底，尤其是对于跨部门战略举措，往往缺少明确的责任人。此外，企业长期以来缺少一种使命必达的价值观，无法在观念深处驱动人的行为。基于此，管理团队提出，不仅要重视战略，更要重视战略落地的机制。围绕这个本质解，管理团队连续制定了几项决策，首先是战略的简单化、清晰化，让中基层人员一听就懂；其次是明确战略举措的负责人机制，每件事都有人负责，并有相应的授权与激励；再次是建立固化的战略复盘制度，对战略的执行情况进行周期性复盘，并对应相应的奖惩制度；最后，对价值观进行了完善，高度强调使命必达的文化，并建立了相应的制度。

某全球知名的制造企业集团，决定进入新能源车领域，开发自有品牌的新能源车。业务开展一段时间后，集团管理层运用 U 型思考，对该业务的发展障碍进行了剖析，如图 10 所示。

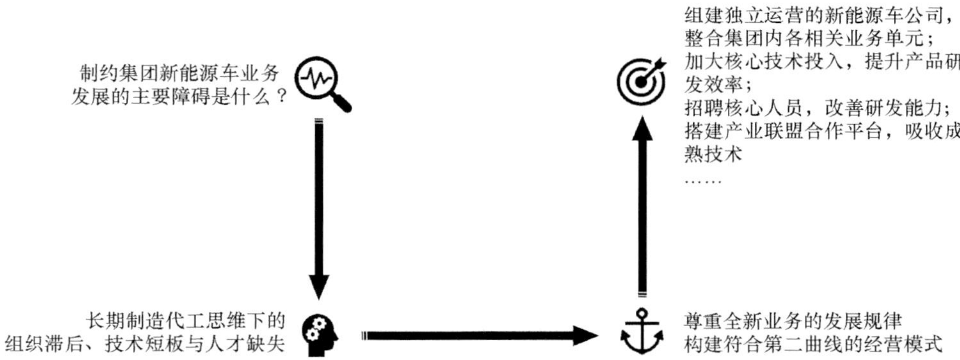

图10 U型思考实战案例：全球知名制造企业的新能源车业务复盘

管理团队定义的核心问题是，制约集团新能源车发展的主要障碍是什么？围绕这个问题展开了热烈的讨论，结论是，该企业集团长期从事制造代工，已经形成了明显固化的代工思维。而新能源汽车对于该企业是全新的业务，也是全新的领域，面对这样一个需要全力以赴做好的新业务，还没有一个明确对应的组织结构，资源分散在集团各处，协调成本过高。同时，代工思维带来的影响是，对这样一个技术密集型的新业务，集团的新技术研发投入明显不足，且人才缺失。基于此，管理层认为，现在亟待改变的是，要按照新业务的发展规律，构建合适的经营模式，否则新业务难以成长。根据这样的本质解，管理层提出的对策是，要在集团下组建全新的新能源汽车公司，把散落在各处的资源汇聚到一处。同时，加大对于新技术、人才、开发平台的投入力度，以推动新产品尽快上市。

某互联网电商企业，是中国最大的电商企业之一，近几年来一直非常关注下沉市场，希望探索出开发下沉市场的战略和打法，但实际效果一直不尽如人意。在一次业务研讨中，参会的管理人员运用U型思考，对下沉市场的议题进行了深度剖析，如图11所示。

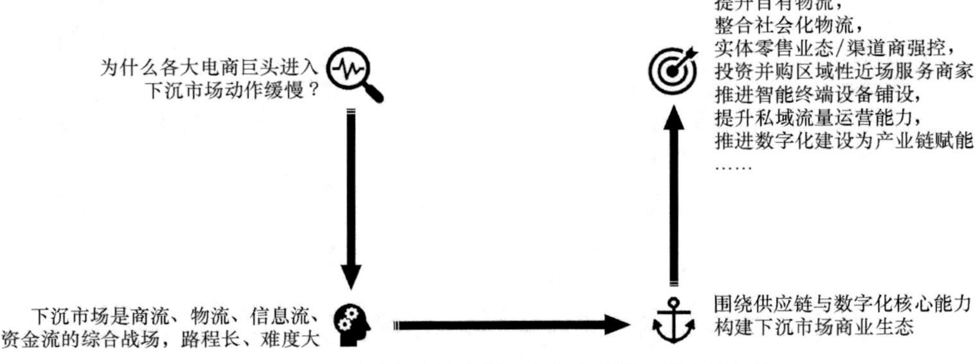

图 11　U 型思考实战案例：电商企业的下沉市场打法

他们定义的核心问题是，为什么各大电商巨头进入下沉市场的动作都很缓慢？对这个问题的分析结论是，下沉市场与一二线市场最大的差异是，地理范围巨大、高度分散且用户密度低，商流、物流等各项基础设施相对滞后，信息化基础弱，建设投入大。对于任何一个企业来说，下沉市场都是一个极其复杂的综合战场，开发难度很大。基于此，参会管理人员认为，一方面，要充分发挥本企业的核心能力，尤其是供应链和数字化能力；另一方面，对于这样的复杂战场，不能单打独斗，必须建立适合于下沉市场的商业生态，打通商流、物流、信息流和资金流。按照这样的本质解，具体的举措包括，在关键核心地区继续提升自有物流，同时把社会化物流整合进来；对于优质的实体零售业态 / 渠道商加强掌控，对于一些已经出现的优质进场服务互联网企业进行投资并购；在合适的时机，开始在三线城市推进智能终端设备铺设；提升私域流量运营能力，线上线下并行推进；推进数字化建设，包括云、SaaS 为下沉市场生态伙伴赋能等。

最后，分享一个关于职场成长的案例。一位学习了 U 型思考的同学，对于职场沟通这个话题很感兴趣，运用 U 型思考，深度剖析了一下职场沟通的本质，如图 12 所示。

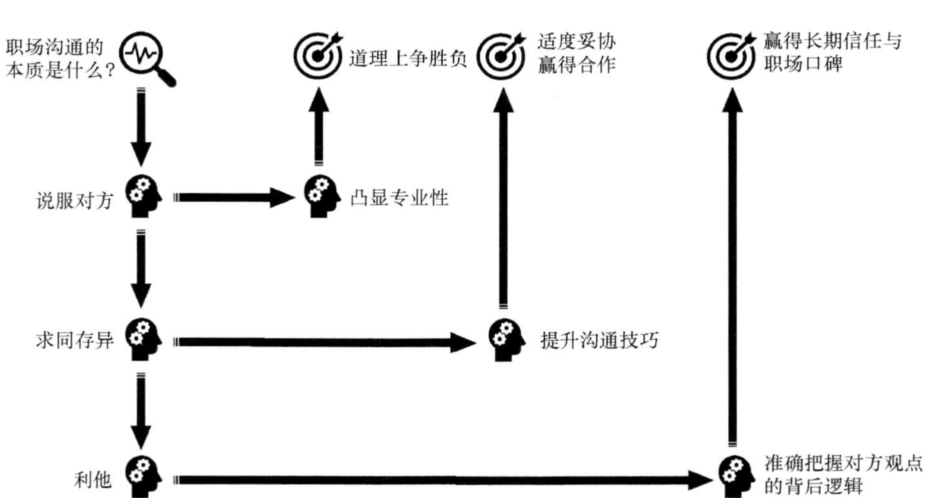

图 12 U 型思考实战案例：职场沟通进阶

他发现，不同人的职场沟通水平相差很大。对于一个初级选手来说，往往认为职场沟通的本质是说服对方，一定要在沟通中凸显自己的专业性，一定要在道理上争胜负。由此的可能结果是，辩论赢了，但要做的事情输了。对于一个中级选手来说，已经可以认识到职场沟通的本质是求同存异，因此会把沟通技巧作为核心，学会适度的妥协，从而赢得合作。对于一个高段位选手来说，会把利他作为沟通的本质，善于从对方角度考虑问题，能够从对方话语中挖掘到对方思维的本质，并采取妥善方式进行沟通。这种以利他心态与别人沟通的人，往往能赢得对方长期的信任，也能为自己赢得良好的职场口碑。这位同学的整体分析，未必那么准确，但这种打破砂锅问到底的探索精神，以及他在分析中展示的思维深度，还是很值得我们学习的。

这里分享了 12 个 U 型思考的实践案例，它们来自不同行业、不同问题、不同答案，但都呈现了同样的 U 型思考之美，展现了 U 型思考简洁而深邃的魅力。

希望你在读完本书之后，能够真正运用 U 型思考，创作出属于你自己的杰作。